日本刀

全面剖析日本刀的
鍛造與鑑賞藝術

作者／**吉原義人**

里昂‧卡普、啓子‧卡普

翻譯／邱思潔、周沛郁

Boulder Media 大石文化

日本刀
全面剖析日本刀的鍛造與鑑賞藝術

作　　者：吉原義人、里昂・卡普、啓子・卡普
翻　　譯：邱思潔、周沛郁
主　　編：黃正綱
資深編輯：魏靖儀
美術編輯：吳立新
行政編輯：秦郁涵

發 行 人：熊曉鴿
總 編 輯：李永適
印務經理：蔡佩欣
美術主任：吳思融
發行經理：吳坤霖
圖書企畫：張育騰、張敏瑜

出 版 者：大石國際文化有限公司
地　　址：新北市汐止區新台五路一段97號14樓之10
電　　話：(02)2697-1600
傳　　真：(02)8797-1736
印　　刷：群鋒企業有限公司

2023年（民112）11月二版四刷
定價：新臺幣990元／港幣330元
本書正體中文版由Paolo Saviolo授權
大石國際文化有限公司出版
版權所有，翻印必究
ISBN：978-986-99809-0-6（精裝）
* 本書如有破損、缺頁、裝訂錯誤，請寄回本公司更換
總代理：大和書報圖書股份有限公司

國家圖書館出版品預行編目（CIP）資料

日本刀 - 全面剖析日本刀的鍛造與鑑賞藝術
吉原義人、里昂・卡普、啓子・卡普 作；
邱思潔、周沛郁 翻譯 .
-- 二版 . -- 新北市：大石國際文化 , 民 109.12
128 頁；21.5 x 28.6 公分
譯自：The art of the Japanese sword
ISBN 978-986-99809-0-6 （精裝）
1. 刀 2. 文化史 3. 日本
472.9　　　　　　　　　　109019068

目錄

這幅江戶時代的畫作，描繪了工匠製作護手與裝具部件時，鍛造與生成銅綠的工序，是《匠人之畫》24幅系列作品之一，分別繪在兩架六連屏上。這組畫作為日本重要文化財，現藏於琦玉縣川越市的喜多院。本圖經許可後翻印。

前言

里昂‧卡普（Leon Kapp）

日本刀是一種獨特的鋼製藝術品，可從許多方面來鑑賞。它不但是功能性卓越的武器，更體現了刀工成熟的冶金技術和科學思維。除了刀本身的形狀之外，日本刀最關鍵的美學元素，在於鋼鐵不同的晶體結構與形態。

日本刀作為實戰武器的時間非常悠久，因此從日本刀身上可以清楚看見鍛刀技術的演進。由於刀的特徵是隨歷史事件應運而生，所以它與日本歷史也有密切的關聯。更重要的是，我何其有幸能見到至今仍在打造日本刀的現代刀匠，並向他們學習。

這本書的目的是介紹日本刀的基本背景，說明日本刀的賞析要領，並帶領讀者認識今天日本刀從製造到潤飾的詳細過程。日本現代刀匠完全採用自古承襲的傳統方法煉鋼、鍛打，創造出極具特色的刃文。日本在維護古法鍛刀技術上顯得獨一無二。我們希望藉由這本書，讓讀者充分了解日本刀的實際製造過程，進而更懂得欣賞日本刀。

日本的刀劍與製刀技術，最初是在公元約4到6世紀之間由中國經韓國傳入，之後歷經數百年才漸趨完備，發展成獨特而成熟繁複的製刀方法。時至今日，日本刀仍以這套通過時間考驗的技術製作而成，即使時代已從封建進入現代，這套技術仍完整地保存下來。除了出色的功能性之外，日本刀的魅力有一部分來自土法製作的方式：從鐵砂開始，用燒木炭的熔爐和將近2200年前設計的風箱來熔煉，完全憑人力和鎚子打造成刀，因此每一把刀都是獨一無二的。就算以現代的冶金知識，也不太可能製作出更好的鋼刀。

日本刀無論從武器或藝術品的角度來看都出類拔萃。為了提升劈砍效率，它的設計曾經過數百年的演進，而這些作為精良武器的特性，也賦予了日本刀充滿魅力的美學特質。然而，要觀察到所有重要的細節並不容易。一把刀必須狀態良好、表面無鏽，才能充分欣賞，絕不能讓它處於「疲累」狀態，也就是不能過度打磨或是經受不當的修復或修理，否則這些因素都有可能破壞刀形，或使表面細節難以辨認。一旦符合上述所有條件，我們就必須以適當的光源，透過適當的握持角度加以檢視。要正確鑑賞日本刀的品相，就需要更深入認識一些傳統的檢視法，因為現今市面上得見的日本刀常常狀況很差，當下又不一定有適合的光線，光是檢查與欣賞往往就有困難。

本書的目的是提供日本刀的通盤介紹，以幫助讀者檢視、欣賞這些無法仿製

的藝術精品。書中詳細介紹了刀匠，以及其他研磨和製作刀裝具工匠的工作內容。一把日本刀的製作程序很冗長：刀匠製刀完成後，要交給研師做最後的修飾和研磨，這道工序會帶出刀身表面的細節；然後交到製作鎺的職人手上，鎺是支撐刀柄、並使刀身在刀鞘內固定不動的金屬部件。最後，刀會交由鞘師製作白鞘（簡單無裝飾的木製刀鞘，用來保護和保存刀身），或是傳統的「拵」，也就是完整的刀裝。

　　書中也會談到其他主題，包括賞刀與持刀的方法，煉鋼、鍛造與潤飾等步驟的敘述，並簡短說明其中涉及的冶金術，以及日本刀各部位的名稱圖解。另外也述及古今歷史事件，以解釋日本刀的傳統製作技術何以能夠保存下來。

　　本書大部分的現代刀為吉原義人和家族成員的作品。吉原家族在日本刀的製作與國內外的推廣上一向不遺餘力。義人的祖父是家族第一位刀鍛冶，於1930年代早期的東京起家，是當時最出色的刀匠之一。吉原義人和弟弟吉原莊二是家族第三代的製刀職人；義人的兒子義一則是第四代的代表人物。

吉原義人製作的短刀，上有虎形彫物。

這幅江戶時代的畫作，描繪武田信玄與上杉謙信之間的一場著名戰役。上杉謙信持刀砍向武田信玄，信玄以鐵扇阻擋攻勢。此畫收藏於岐阜縣瑞浪市中仙道博物館，經許可後翻印。

日本刀的欣賞之道

第一章

鑑賞
日本刀的欣賞之道

這幅公元1129年的畫作，描繪正在檢視日本刀的
有栖川親王（Prince Arisugawa）。可以注意到
畫中的親王把刀放在和服的袖子上，小心翼翼不
讓自己的皮膚接觸到刀刃，這個鑑賞習慣也保留
至今。此幅屏風畫收藏於京都的北野天滿宮，經
許可後翻印。

吉原義人以一隻手臂遠的距離豎直持刀，檢視這把刀的整體形狀與比例。

檢視日本刀

要檢視日本刀的每一個關鍵但又隱微的細節，需要耗費大量的心神，先決條件是要有良好的光線，以及一把經過適當研磨且品相優良的刀。檢視一把刀要考量三個主要面向：刀的形狀、刀條的表面，以及刀刃上的圖紋。

檢視者要以一隻手臂遠的距離豎直持刀，這樣比較容易感受刀的整體形狀。要注意的細節包括刀的長度、刀的底部到刀尖逐漸變細的程度、刀的弧度，和刀尖的形狀與大小。刀身的厚度、重量與平衡也是檢視的重點。

細看刀身側面時，光源必須設置在檢視者的後上方，以檢視刀條表面。要注意的重點包括刀條的顏色（色澤會現代刀深得多），以及「地肌」（jihada），也就是表面可見的圖案或紋理，這是在鍛造刀條時反覆摺疊敲打所產生的結果。刀匠折疊敲打與鍛造刀條的方式不同，就會出現不同的地肌類型，沿著整個刀身縱向

觀察刃文時，要把刀放在一個聚焦光源的略下方處，用裸管白熾燈或鹵素燈皆可。在刀身的反光處與周圍地帶，通常能看見一條清晰的白線，區隔出堅硬的麻田散鐵刀刃與上半部較軟的刀身。沿著這條邊界線與刃文之內，通常能看見許多繁複的細節。

檢視日本刀是一個主動的過程：除了刀身要以適當的姿勢持握，以檢視刀的每一個部分，也要不斷移動刀身，讓來自聚焦光源的光沿著刀條的表面移動，才能讓刀的特徵如地鐵（jigane）、地肌及刃文的細節顯露出來。需要經過一些練習，才能掌握日本刀所有的觀察重點。

吉原義人利用來自後上方的光源，檢視刀條表面。

分布的直線紋叫做「柾目肌」（masame hada），類似木紋的叫做板目肌（itame hada），而類似樹節、極為細緻複雜的紋理叫做「杢目肌」（mokume hada）。依據刀條與整把刀的鍛造方式不同，地肌的圖紋也會產生多種變化。

日本刀最突出的特徵之一，就是刃文（hamon），這道紋路沿著刀條加硬過的刃口分布。日本刀在經過鍛打之後，會沿著刃緣形成非常堅硬的「麻田散鐵」（martensite）。由於形成刃文的麻田散鐵結構，與刀條上半部較軟的鋼材不同，所以刃文會凸顯出來。好的刃文清晰可見，沿著刀身到刀尖連續延伸，不應中斷。

要檢視刃文，必須利用裸燈泡這類的聚焦光源，刀身要置於光源下方，靠近光源處。在刀身的反光區即可清楚看見刃文的邊界線，以及刃文的內部細節。

刀的保養與維護

日本刀需要定期養護才能維持良好狀態。專業的研師花費相當長的時間來研磨一把新刀或是修復一把古刀，這些最後的修飾細節都必須細心保護。日本發展出許多保養刀劍的習慣或規則，要想保持刀的良好狀態，就必須細心遵守這些規則。

按照日本的習俗，在檢視日本刀之前先向它鞠躬。

日本刀通常收納在經過特殊設計的布袋中。按照習慣，拿起刀劍之後要先向它鞠躬，再從布袋中取出。

解開綁住袋口的布條，把刀身連同刀鞘從袋中取出。接著用一隻手的四指緊握刀柄，再用同一隻手的拇指向刀鞘施力，輕柔而確實地使刀身與刀鞘分離。這個做法可以確保刀身緩緩出鞘，不會因為動作太大，而損傷刀鞘或持刀的人。

如果刀鞘扣得很緊，就用雙手與兩隻大拇指同時施力，使刀身與刀鞘鬆開並慢慢拉出，大拇指作為煞車之用。等到刀身鬆脫，再從刀鞘中完全抽出。為了使精心研磨的刀面受損的可能性降到最低，抽刀時速度要慢，而且刀刃需向上，朝天花板。刀身抽出時應該只沿著刀背表面滑動，如果刀刃向下，抽刀時會割到刀鞘；如果側著抽刀，最終會在研磨的表面產生可見的刮痕。

刀出鞘之後，通常會把刀柄卸下，以便檢視包括刀莖在內的所有特徵。刀莖是用叫做「目釘」（mekugi）的竹釘固定在木製的刀柄中。有一種像鐵錘的工具叫做「目釘槌」（mekuginuki），用來鬆開目釘、把目釘從一側推出刀柄外。由於這種竹製目釘一頭大一頭小，在刀柄表面從小的那一端均勻施力推動，目釘就可以從另一側取出。

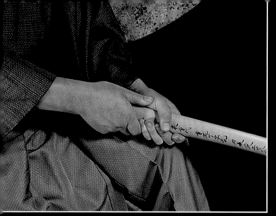

日本刀的設計會讓刀身與刀鞘鯉口完全密合，所以在抽刀之前必須先讓刀鞘鬆脫。準備抽刀時，吉原義人用右手抓住刀柄，同時以右手的拇指把刀鞘往前推，讓刀鞘和刀柄分開。這樣做可預防抽刀時用力過猛，使刀突然從刀鞘中彈出。抓在刀柄和刀鞘上的右拇指和右手有煞車的作用，讓刀身一開始出鞘時只移動一小段距離。

吉原義人使用傳統工具目釘槌扁平的那一頭，把竹製目釘推出刀柄。由於目釘的尾端會略高於刀柄表面，所以壓下去就會鬆開。

刀身鬆開，已經部分出鞘，請注意此時右手和右拇指同時接觸到刀柄和刀鞘。

目釘鬆開後，吉原義人用目釘槌把手的尖端，把目釘完全推出刀柄。

刀身以接近垂直的角度豎起，另一隻手握拳敲打握刀那隻手的手腕。這個動作可以讓刀莖微微從刀柄中彈出。刀莖鬆脫後，就可以握住刀莖的上半部，從刀柄中完全取出。接著就可以卸下鎺（habaki），也就是安裝在刀身與護手（鍔）接觸部位上的金屬零件，通常鎺金會直接滑下來，從

刀身出鞘並拿掉目釘後，就可以卸除刀柄。此時須以近乎垂直的角度，用左手握著刀柄，右手握拳，敲打左手腕的基部，這個動作可以讓刀柄從刀身上脫落。

刀身脫出刀柄的距離夠遠之後，就可以用手直接握住刀莖把刀完全取出。

保養與清潔日本刀的用具：1. 丁香油或山茶花油；2. 以雙層包裹的打粉；3. 用來擦拭刀身的手工日本和紙（也可使用素色面紙）；4. 一小塊用來沾油的棉布；5. 目釘槌，用來推出刀柄上固定刀身的竹製目釘。

刀身擦拭後，吉原義人用一種非常細緻的「打粉」輕拍刀身，目的是徹底清潔刀身，以利觀察表面細節。打粉用兩層包住，第一層是棉花，第二層是細緻的布料，形狀像棒棒糖。

用打粉輕拍後，再用柔軟的紙擦掉刀上的粉末。打粉質地非常細密，吸水性又高，拍上後再擦掉，就能去除刀身上所有的灰塵、油份與水氣。擦拭方法與之前相同，要從刀背表面握持擦拭紙，並且只沿同一方向，從刀莖往刀尖擦。

把刀莖放回刀柄中。

裝回刀柄、目釘也固定好之後，刀身就可以收納入鞘。重點是要刀刃朝下，沿著刀背表面，小心地把刀身放入刀鞘鯉口。

刀身已約一半入鞘。

刀身完全入鞘後，吉原義人推一推刀柄，確保刀柄與刀鞘完全密合，刀身妥善歸位。

上油時，先在棉布上滴幾滴油，再用布抹過刀身表面，留下一層保護油。抹的方式和擦拭的時候一樣：把布從刀背夾主刀身，從底部往刀尖抹去。

檢視的最後一個步驟就是把刀身收回刀鞘。首先把鎺套回刀莖，讓鎺扣在刀刃底部的凹槽上。接著，把刀莖裝回木製刀柄中。一手握住刀身，刀尖朝上，用另一隻手的手掌輕敲刀柄底部，確保刀莖穩

刀莖沒有在刀柄中正確歸位，目釘會無法插到底，貫穿刀莖上的孔以及木製刀柄另一側對應的孔。）裝好刀柄、目釘也歸位之後，就可以讓刀身入鞘。

右手握刀，刀刃朝上，小心地把刀尖插入刀鞘的鯉口，慢慢推刀入鞘，用刀背表面滑入。等到刀身完全入鞘後，輕輕推動刀柄的底部，讓刀柄與刀鞘完全密合。刀妥善地收進刀鞘之後，通常會再用

吉原義人檢視刀莖。如果刀上有落款或是其他資訊，都會刻在刀莖上。刀莖表面的顏色，乃至於鏽斑和鑢目，都可以提供關於這把刀的資訊。

檢視刀尖。刀尖的品相、形狀，以及刀尖刃文（帽子）的大小和品相，都是評鑑日本刀時的重點。

卸下刀柄之後，就可以檢視刀身的其他細節。例如，刀莖的品相和形狀很重要。顏色、表面、鏽蝕、形狀、裝飾的鑢目（銼痕）以及任何刻在刀莖上的銘文，

都要一一檢視。如果這把刀有名號，它的落款或其他資訊都會刻在刀莖上。

刀尖也是一個重要的檢視區域。要特別注意帽子（boshi，即刀尖上的刃文）的形狀與品相，以及刀尖本身。

握持刀莖沒有什麼需要特別留意之處，但因為要絕對避免研磨刀面與皮膚直接接觸，因此手上隨時都要拿著一張紙或一塊布。來自皮膚的水氣或鹽分，會很輕易且快速地在刀身表面造成可見的鏽蝕，所以一定要避免皮膚接觸刀上研磨過的部位。檢視者務必要用乾淨的薄棉紙或面紙，防止研磨刀面與皮膚直接接觸。

持刀者要把出鞘的刀遞給另一個人時，刀尖必須朝上，刀刃朝向持刀者本人。持刀者要雙手握住刀莖的頂端和底部，留下空間給另一個人抓住刀莖的中間

常見問題

　　雖然從刀鞘和刀柄中取出刀身通常是一個簡單的過程，但還是可能會遇到問題。例如有時刀柄或是鎺會很難卸除。不過，要處理這些問題有一套慣用的作法。

卸柄器和木槌，用來鬆開卡得太緊的刀柄和鎺金。

要從刀柄取出卡在裡面的刀莖，得用一種特殊工具叫做「卸柄器」（tsuka-nuki）。圖中吉原義人右手拿著卸柄器和木槌。

用木槌輕敲卸柄器，卸柄器的一端沿著研磨過的刀身延伸出去，以保護刀身。輕敲幾下就可把刀柄卸下。

吉原義人用木槌輕敲卸柄器，讓部分刀莖從刀柄中露出，之後就可以直接握住刀莖，整個從刀柄中取出。

有時候鎺會緊緊卡在刀莖上拿不下來。這時可單手握住刀莖，再用木槌（用鐵鎚可能會導致刀莖彎曲或受損）輕敲刀莖底部。通常輕敲幾下，鎺就會鬆脫。

　　如果刀莖緊緊卡在木製刀柄裡，會很難取出。遇到這種情況，可以用一種叫「卸柄器」（tsuka-nuki）的日本傳統工具，把柄從刀身上除下。這種外形特殊的器具可以架在木柄上，有一塊平面供槌子敲擊，另一邊較高，以防止槌子敲到刀身。把刀身舉在距垂直30到45度的角度，再用木槌敲擊卸柄器。木槌的敲擊力

道會使刀莖鬆脫，讓刀莖稍微脫離刀柄。刀莖鬆動之後，就能輕易抓住刀莖頂部，從刀柄中取出。

　　另一個常見問題是鎺在刀莖上卡得太緊，無法馬上滑落。遇到這種情況，握住鎺下方裸露的刀莖，使刀身與地面接近平行，再用木槌（絕對不能用金屬槌敲擊刀身任何一處，否則可能造成刀身變形或受損）輕敲刀莖底部。輕敲幾下之後，刀莖上的鎺就會鬆開往下滑，這時就可以從刀莖上取下鎺。

這位準備作戰的武士，腰帶上佩掛著一把太刀（tachi），刀刃朝下。這幅是江戶時代的掛軸，為私人收藏。

日本刀專有名詞

　　長久以來，日本刀在日本人心目中不但是具有功能性的必備武器，也是一種藝術品。隨著歷史演變，日本發展出大量術語，用來指稱日本刀的各項特徵，以及刀的佩掛、握持和保養方法。其中許多用語在英文中並沒有完全對應的詞彙，以下詞彙為日文所獨有：

1.「刃文」（hamon）是一條沿著刀刃分布、由加硬鋼材構成的可見紋路，正是這項特徵賦予日本刀優越的劈砍性能。

2.「姿」（sugata）指的是刀身的形狀。

　　一般而言，日本刀是有弧度的單刃，且厚度相對薄，有輪廓分明的刀尖。不過，日本刀的形狀有很多種變化。

3.「地鐵」（ｊｉｇａｎｅ）與「肌」（jitetsu）指的是鋼材鍛打後表面呈現的外觀、質地、顏色，以及上面的紋路。以傳統方式鍛造的日本刀條並不亮，也不會反光，通常色澤暗沉，表面有清楚可見的紋路。

　　其他許多與日本刀相關的日文詞彙與定義，請參照第27頁。

這幅笹間良彥（Yoshihiko Sasama）的畫作，描繪了日本南北朝時代（14世紀）身穿盔甲的武士，揮舞著一把很長

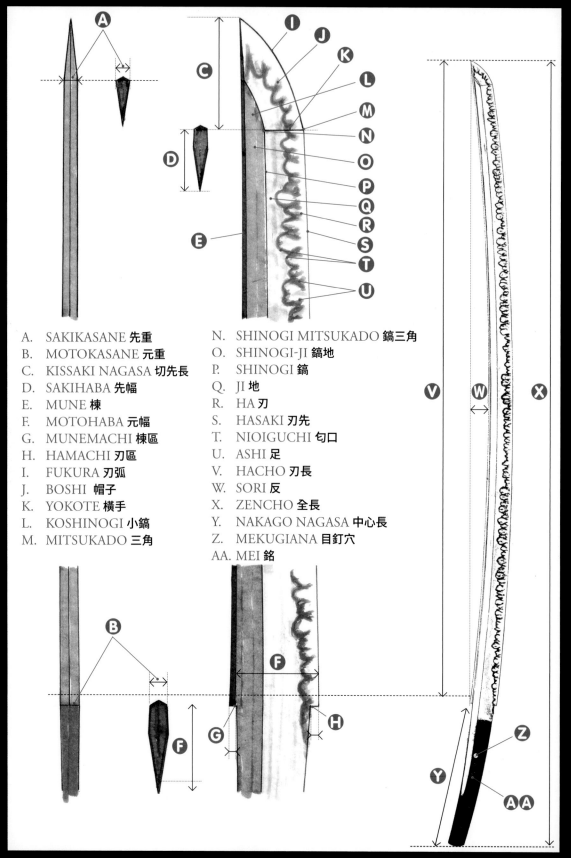

A. SAKIKASANE 先重
B. MOTOKASANE 元重
C. KISSAKI NAGASA 切先長
D. SAKIHABA 先幅
E. MUNE 棟
F. MOTOHABA 元幅
G. MUNEMACHI 棟區
H. HAMACHI 刃區
I. FUKURA 刃弧
J. BOSHI 帽子
K. YOKOTE 横手
L. KOSHINOGI 小鎬
M. MITSUKADO 三角

N. SHINOGI MITSUKADO 鎬三角
O. SHINOGI-JI 鎬地
P. SHINOGI 鎬
Q. JI 地
R. HA 刃
S. HASAKI 刃先
T. NIOIGUCHI 匂口
U. ASHI 足
V. HACHO 刃長
W. SORI 反
X. ZENCHO 全長
Y. NAKAGO NAGASA 中心長
Z. MEKUGIANA 目釘穴
AA. MEI 銘

A. SAKIKASANE 先重：刀身尖端的厚度。

B. MOTOKASANE 元重：刀身底部的厚度。

C. KISSAKI NAGASA 切先長：刀尖的長度。

D. SAKIHABA 先幅：刀身尖端的寬度。

E. MUNE 棟：刀背的表面。

F. MOTOHABA 元幅：刀身底部的寬度。

G. MUNEMACHI 棟區：刀莖頂部的凹口，刀背表面（棟）開始的地方。

H. HAMACHI 刃區：刀莖頂部的凹口，刀刃開始的地方。

I. FUKURA 刃弧：刀尖區內刀刃的弧度。

J. BOSHI 帽子：刀尖區的刃文。

K. YOKOTE 橫手：刀尖與刀身的界線。

L. KOSHINOGI 小鎬：刀尖區（橫手以上）的鎬地。

M. MITSUKADO 三角：橫手、刀身刃緣與刀尖刃緣的交會點。

N. SHINOGI MITSUKADO 鎬三角：鎬、小鎬與橫手線的交會點。

O. SHINOGI-JI 鎬地：鎬與棟之間的刀身表面。

P. SHINOGI 鎬：沿著刀身縱向延伸的清晰直線，是刀身最厚的地方（僅出現在鎬造式的刀）。

Q. JI 地：鎬與匂口之間的表面。

R. HA 刃：刀身邊緣區經過焠火加硬的部分。

S. HASAKI 刃先：磨利的刃口。

T. NIOIGUCHI 匂口：區隔焠火加硬的刀刃與刀身較軟部分的的清晰線條。

U. ASHI 足：匂口朝刀刃方向的延伸線。

V. HACHO 刃長：決定刀身長度的直線。

W. SORI 反：刀身彎曲的程度。

X. ZENCHO 全長：包括刀莖在內的刀全長（刃長只有刀身）。

Y. NAKAGO NAGASA 中心長：刀莖的長度。

Z. MEKUGIANA 目釘穴：刀莖上用來容納目釘（把刀身固定在刀柄中的竹釘）的孔洞。

AA. MEI 銘：刻在刀莖上的銘文（通常是刀匠的名字，但往往還會有其他資訊）。

長刀類型

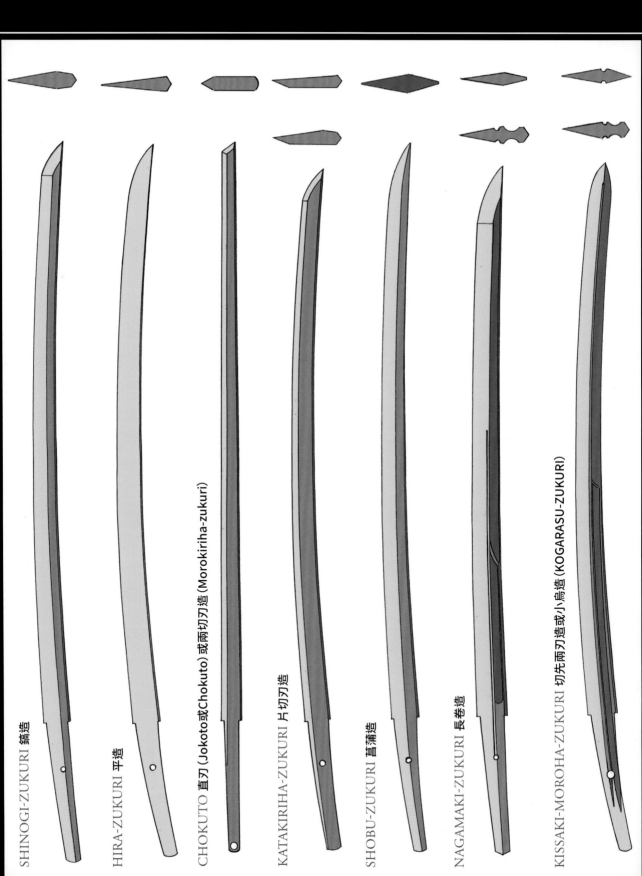

SHINOGI-ZUKURI 鎬造

HIRA-ZUKURI 平造

CHOKUTO 直刃 (Jokoto或Chokuto) 或兩切刃造 (Morokiriha-zukuri)

KATAKIRIHA-ZUKURI 片切刃造

SHOBU-ZUKURI 菖蒲造

NAGAMAKI-ZUKURI 長巻造

KISSAKI-MOROHA-ZUKURI 切先兩刃造或小鳥造 (KOGARASU-ZUKURI)

SHINOGI-ZUKURI 鎬造

鎬造刀身上有一條沿著整把刀分布「鎬」（脊線），這是刀身最厚的地方，有橫手線和輪廓鮮明的刀尖。

HIRA-ZUKURI 平造

刀身側面平坦，沒有鎬和橫手線，刀尖區域也沒有鮮明的輪廓。

JOKOTO or CHOKUTO
直刃或兩切刃造（Morokiriha-zukuri）

這是樣式最古老的日本刀。刀身是直的，鎬的位置靠近刀刃，刀尖區非常狹窄。鎬和小鎬也都是直的。

KATAKIRIHA-ZUKURI 片切刃造

刀身的一面是平造，另一面的鎬非常靠近刀刃。平造的那一面沒有橫手線。

SHOBU-ZUKURI 菖蒲造

鎬一路沿著刀身延伸到刀尖，但刀尖區域缺乏清晰的輪廓（也就是沒有橫手線）。

NAGAMAKI-ZUKURI 長卷造

基本上是鎬造，不過長卷造的特色是從刀莖上方開始有一條大溝槽，鎬地在溝槽之前往棟的邊緣型成陡峭的斜邊。在主溝槽下方與鎬線下方，還有一條細小的附槽（soe-bi）。

KISSAKI-MOROHA-ZUKURI
切先兩刃造或小烏造（Kogarasu-zukuri）

這種類型的刀，最初是在平安時代一把叫做「小烏丸」（Kogarasu Maru）的刀上首見。切先兩刃造有長卷造的溝槽和斜邊，刀身的弧度很大。刀身是雙刃，刃口沿著棟的表面延伸半個刀身長，而小附槽幾乎一路延伸到刀尖。

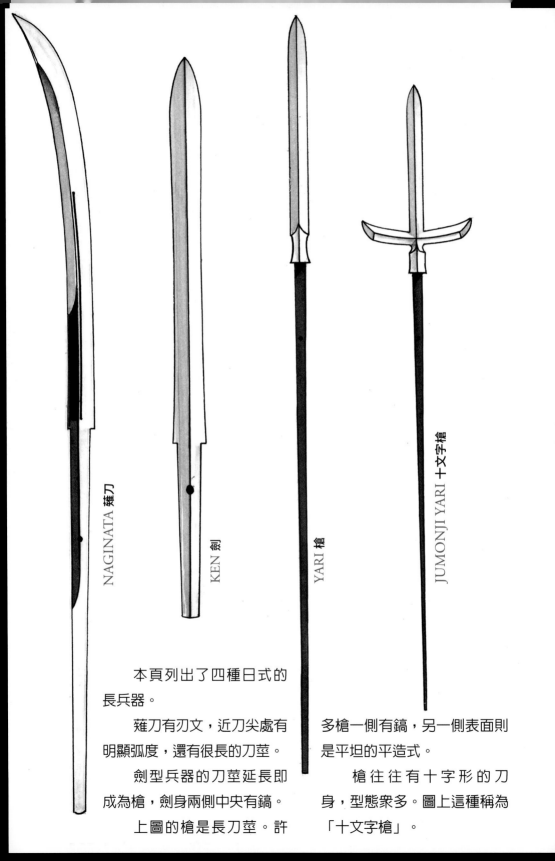

NAGINATA 薙刀

KEN 劍

YARI 槍

JUMONJI YARI 十文字槍

本頁列出了四種日式的長兵器。

薙刀有刃文，近刀尖處有明顯弧度，還有很長的刀莖。

劍型兵器的刀莖延長即成為槍，劍身兩側中央有鎬。

上圖的槍是長刀莖。許多槍一側有鎬，另一側表面則是平坦的平造式。

槍往往有十字形的刀身，型態眾多。圖上這種稱為「十文字槍」。

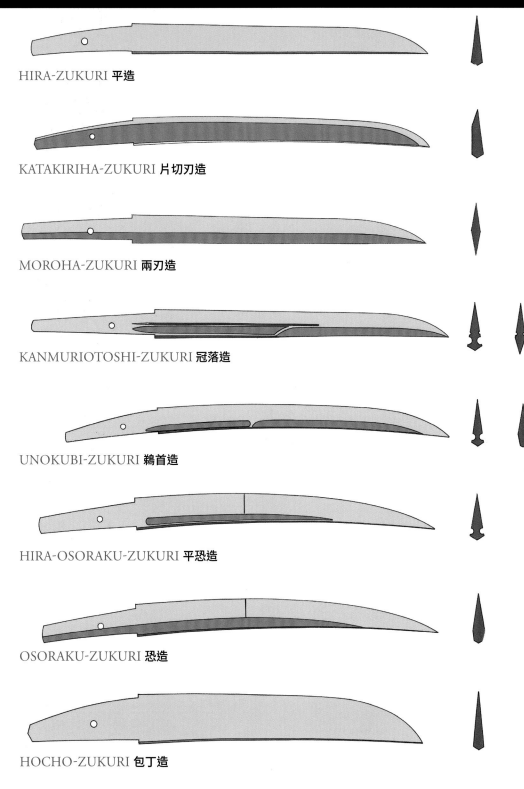

HIRA-ZUKURI 平造

KATAKIRIHA-ZUKURI 片切刃造

MOROHA-ZUKURI 兩刃造

KANMURIOTOSHI-ZUKURI 冠落造

UNOKUBI-ZUKURI 鵜首造

HIRA-OSORAKU-ZUKURI 平恐造

OSORAKU-ZUKURI 恐造

HOCHO-ZUKURI 包丁造

　　本頁列出了幾種傳統短刀類型。短刀通常不超過30公分長，溝槽型態、刀身形狀、鎬與橫手線的位置各有不同。

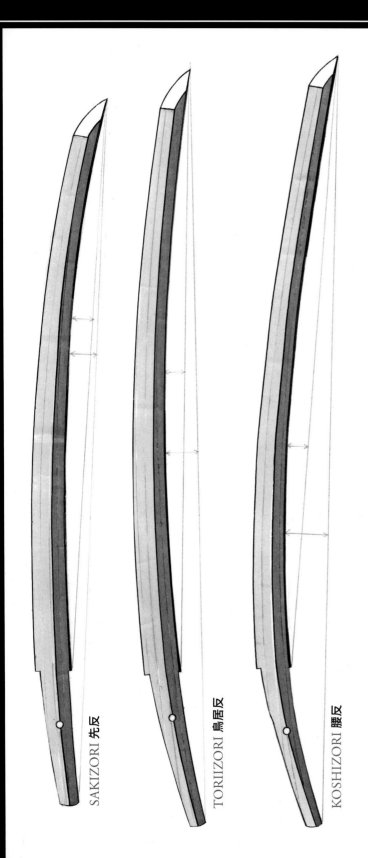

SAKIZORI 先反

TORIIZORI 鳥居反

KOSHIZORI 腰反

　　反是指刀身的彎曲程度。一般而言，從刀尖最前端拉一條直線到刀莖頂部的棟區（刀背底部的凹口），棟的表面與這條直線之間的最大距離，就叫做「反」。

　　刀的弧度也可以用反的位置來描述。如果反的位置出現在整把刀的中央，就稱為「鳥居反」；出現在刀的前段、也就是較偏刀尖的位置，就稱為「先反」；出現在刀的後段、偏刀莖的位置，則稱為「腰反」。

　　左圖中，三把刀實際上刀身彎曲的弧度都一樣，只有「反」的位置和刀莖的形狀不同。如果從刀尖最前端拉一條線到刀莖底部，再根據這條線來測量「反」的話，這三把刀就會有不同類型與數值的「反」。因此，本書照片中的刀，「反」的類型與弧度會依刀在照片中的垂直取向，而顯得不一樣。

切先：日本刀的刀尖

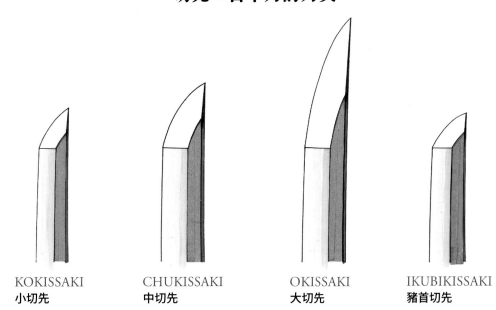

KOKISSAKI
小切先

CHUKISSAKI
中切先

OKISSAKI
大切先

IKUBIKISSAKI
豬首切先

日本刀的刀尖稱為切先（kissaki），大小與形狀變化很大。小切先是小型刀尖，中切先是中型刀尖，大切先是大刀尖。豬首切先的刀尖長度，則與界定刀尖範圍的橫手線長度一樣。

刃弧：刀尖的弧度

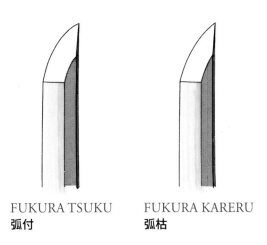

FUKURA TSUKU
弧付

FUKURA KARERU
弧枯

刃弧是刀尖區內的刀刃弧度。刃弧有可能非常飽滿渾圓（弧付），也可能相對筆直（弧枯）。

棟：刀背的形狀

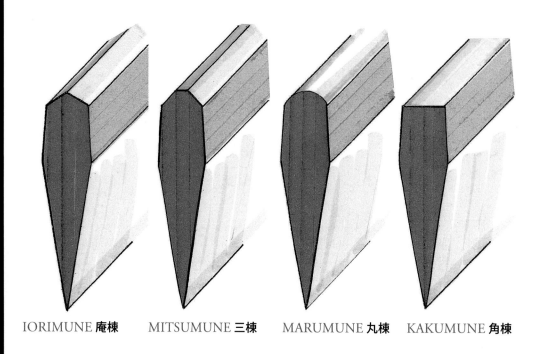

IORIMUNE 庵棟　　MITSUMUNE 三棟　　MARUMUNE 丸棟　　KAKUMUNE 角棟

　　棟就是刀背的表面。最常見的類型是庵棟，有兩個斜面匯聚成一道高峰。三棟有三個面，兩個斜面往上與頂部的平面交會。丸棟的表面呈圓弧形，而角棟則是方正的平坦面。

莖姿：刀莖的形狀

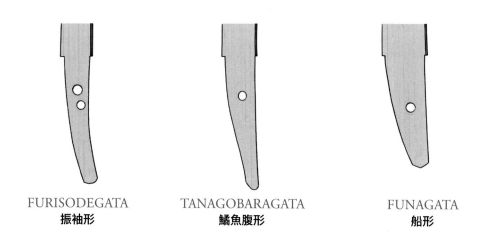

FURISODEGATA
振袖形

TANAGOBARAGATA
鱗魚腹形

FUNAGATA
船形

日本刀的刀莖可能呈現的幾種形狀。

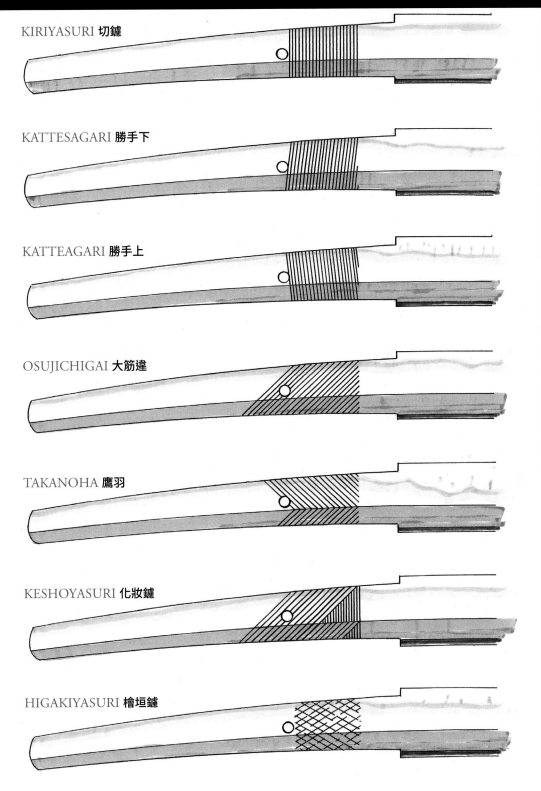

KIRIYASURI 切鑢

KATTESAGARI 勝手下

KATTEAGARI 勝手上

OSUJICHIGAI 大筋違

TAKANOHA 鷹羽

KESHOYASURI 化妝鑢

HIGAKIYASURI 檜垣鑢

「鑢目」（Yasurime）是刀莖上的銼紋。每個刀匠和流派都有自己獨特的鑢目。鑢目的品相、刀莖的形狀、鏽斑的顏色等，都能提供關於這把刀的可觀資訊。

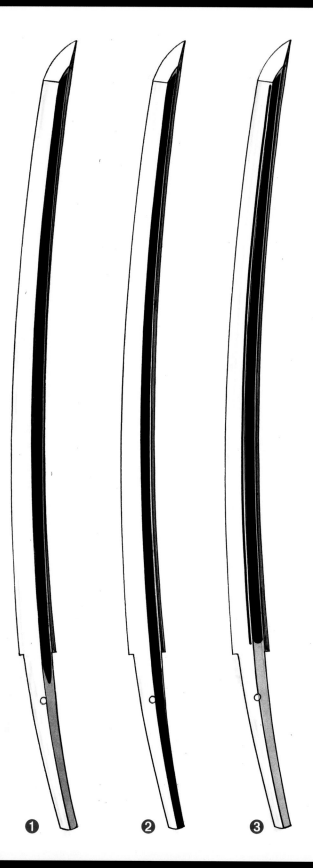

❶ ❷ ❸

樋（hi）是刻在刀身表面的溝槽，通常延伸到整個刀身，與刀背平行。溝槽兩端可能有修飾過的造型，也可能只是簡單地刻在未經研磨的刀莖上，沒有修飾。溝槽可寬（棒樋）可窄（添樋、連樋），目的通常是為了裝飾，不過也有減輕刀身重量的功用，並讓刀身更堅固。

樋是依照溝槽靠近刀莖那端收尾的方式來命名（例如，棒樋（bo-bi）／丸止（marudome）指的是在刀莖端以圓形收尾的直溝槽）。

1. BO-BI/KAKINAGASHI
棒樋／搔流

棒樋是直溝槽，「搔流」是指溝槽在刀莖的那一端並未仔細加工，在延伸到刀身研磨區域以下之後，在刀莖處逐漸縮窄消失。

2. BO-BI/KAKITOSHI
棒樋／搔樋

棒樋是直溝槽，而「搔樋」是指溝槽在刀莖的那一端並未仔細加工，但一路延伸到刀莖底部。

3. BO-BI WITH SOE-BI/MARUDOME
棒樋與添樋／丸止

這種類型在除了原本的直溝槽之外，在鎬線下方再附加一個較小的平行附槽（添樋）。「丸止」是指兩條溝槽都在刀身研磨區域內停止，以圓形收尾，未達刀莖。添樋則延伸整個刀身，但未達橫手線與

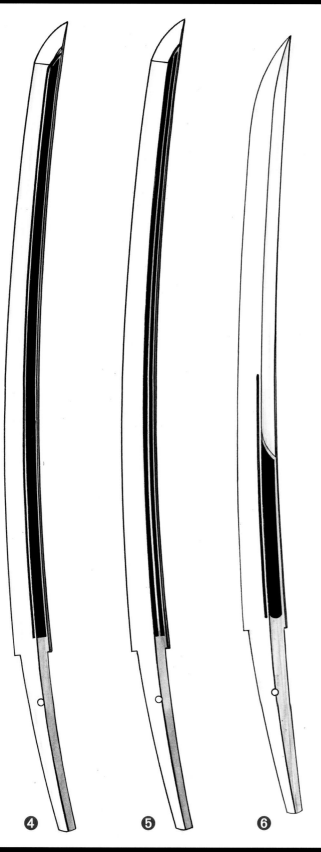

刀尖。

4. BO-BI WITH TSURE-BI/ KAKUDOME

棒樋與連樋／角止

這種類型也是在除了原本的直溝槽外，再附加一個較小的平行附槽，不過這條附槽在靠近刀尖處延伸得比棒樋更遠（稱為連樋），進入鎬地。兩條溝槽都以角止收尾，也就是尾端呈方形，在刀身研磨區域內就停止，未達刀莖。

5. FUTASUJI-BI/KAKUDO-ME 二筋樋／角止

二筋樋是刀身上有兩條平行的棒樋，「角止」是指這兩道溝槽都是在刀莖上方以方形收尾。

6. NAGINATA-BI WITH SOE-BI/MARUDOME

薙刀樋與添樋／丸止

薙刀樋是一種獨特的溝槽，常見於長兵器（薙刀）上，有時也見於短刀和打刀（如圖示）。大的棒樋以丸止在刀莖上方收尾，棒樋前端的形狀特殊：靠近刀刃的溝槽延伸超過上半部，因此溝槽的前端形成一道拱；刀身上半部的表面（鎬地）也大幅度朝棟區邊緣傾斜，與這道拱的弧度對應。這塊斜面一路延伸到刀尖。在鎬地斜面的下方，有一條較長的添樋（附槽）在棒樋下方，延伸長度超過棒樋。

❹　　　　❺　　　　❻

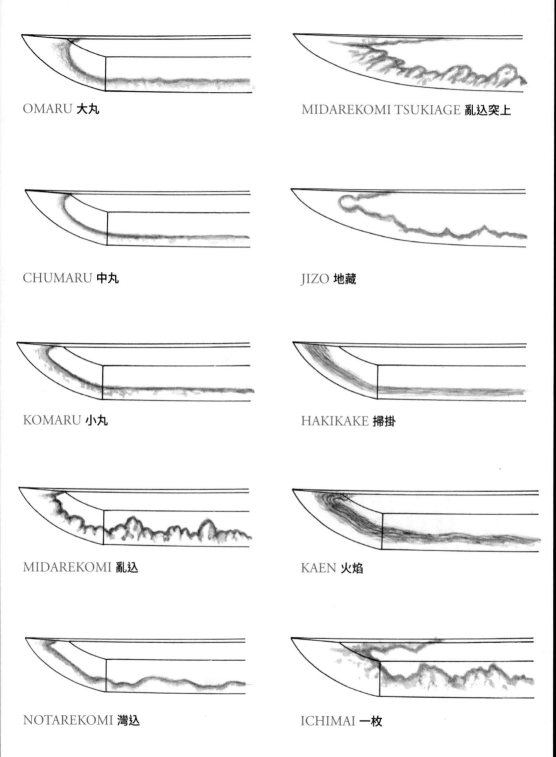

OMARU 大丸

MIDAREKOMI TSUKIAGE 亂込突上

CHUMARU 中丸

JIZO 地藏

KOMARU 小丸

HAKIKAKE 掃掛

MIDAREKOMI 亂込

KAEN 火焰

NOTAREKOMI 灣込

ICHIMAI 一枚

　　帽子是刀尖區域的刃文，有許多樣式；不同的刀匠與流派會使用代表各自特色的帽子，流派在不同時期也會改變帽子的樣式。

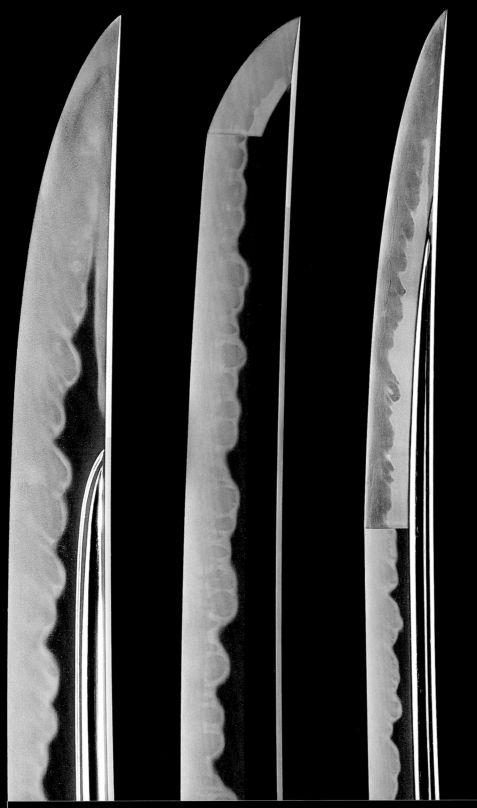

本頁圖顯示三種不同類型日本刀的刀尖。

左邊是平造刀身,刀面兩側平坦,刀尖區域無輪廓。刀身自刀莖頂端到刀尖為一個表面。

中間是鎬造刀身,橫手線分隔出刀尖區與刀身。

右邊是恐造短刀,有非常大面積的刀尖區,涵蓋了近一半的刀身長度。刀尖區有橫手線加以界定,並經過研磨,與刀身形成對比。

檢視刃文

日本刀最獨到的特徵之一，就是加硬過的刃口上有可見的紋路，稱為刃文。在鍛造之後，刀匠用黏土包覆刀身加熱，接著放入水中淬火，因而產生這種獨一無二的紋路。刃文的成分是一種叫做麻田散鐵的鋼材，遠比刀身堅硬得多。只要是經過適當程序鍛造、具備實際功能的日本刀，一定有刃文。

能否清楚檢視刃文，要看刀的品相而定。如果一把刀的品相不好，或是研磨年代久遠，又或是幾百年來經過多次研磨，刃文很可能幾乎、或是完全無法以肉眼辨識，甚至有可能整個消失。

即使刃文與刀本身的品項與研磨都很好，刃文還是有可能不容易看見。前面提過，刀必須擦拭乾淨，利用適當的光源，而且要在正確的光線角度下檢視，刀尖要放在聚焦光源的略下方處。唯有如此，才能在刀身上反射光源的附近，看出刃文的輪廓線。

由於這項特徵至關重要，任何對日本刀感興趣的人，都需要對刃文的特性有所認識。刃文通常會有明確的分界線（勻口或刃緣），使刃文區與刀身主體有清晰可見的分別。這條界定出刃文的分界線不應有任何缺口或中斷，而且在整著刀身上應從頭延伸到尾，不可以有任何褪色或模糊的區域。此外，好的刃文通常不是形狀簡單或分界線單一，而是包含了複雜的紋路和無數細節。

一把刀要有實際功能，就必須具備堅硬銳利的刀刃，刃文的複雜結構就是為了符合功能性的需求而生。記載中最古老的日本刀大約出現在公元5或6世紀，刀身筆直，刃文狹窄。較老的刃文基本上是一條直紋，由脆硬的麻田散鐵組成，分布在整條刀刃邊緣。雖然一把完全以麻田散鐵打造的刀會非常銳利，但在使用時也會非常容易受損。因此，早期的刀匠就運用波來鐵鋼（pearlite）與肥粒鐵鋼（ferrite）這兩種柔軟得多的鋼材來打造刀身。這樣的組合兼顧彈性與硬度，使刀身可以彎折到某種程度又不至於折斷。日本刀的設計，就是利用多種鋼材各自的屬性，在不同部位使用不同的鋼材，打造出功能性強、有效又耐用的武器。

經過數百年的演進，日本刀變得大，開始出現弧度，刃文也變得更寬更複

要仔細檢視刃文，必須把刀對著點光源下方查看，這樣才能在刀身的反光處附近檢視刃文的細節。由於這樣只能檢視一小塊區域，所以必須不斷移動刀身，才能仔細觀察整個刃文。

雜。刃文會這樣演變其來有自，如上所述，早期日本刀單純的直線刃文，就是一條堅硬的麻田散鐵鋼材，與一條較軟的鋼材以直線合併在一起。由於這種兩種鋼材的屬性不同，有時候只要砍一下，就會使狹窄的麻田散鐵刀刃脫離刀身。

因應這個問題，刀匠學會了打造出較寬、較複雜的刃文。這種刃文由一連串半圓形或波浪狀的圖案組成，在刀身上不同位置的寬度和高度往往變化很大，對於複雜的刃文，肉眼可見的分界線最高可達刀身寬度的上半部到中央，最低幾乎碰觸到刀刃。可以把刃文形容成就像一排牙齒，這些「牙齒」有效地大幅延長了麻田散鐵鋼材與較柔軟刀身間的物理分界線，並讓不同種類的鋼材在刀刃與刀身主體間彼此交錯分布。因此，刀刃跟刀身透過有如拉鍊般的結構，更緊密地接合在一起。在用刀時可能造成的缺口和損害，也能因為複雜的刃文而不至於擴大。

這類刃文最早大約在11、12世紀出現在日本刀上，之後經歷12、13世紀的鐮倉時代（1185-1333），更進一步發展。現今我們鑑賞的現代日本刀，都是鐮倉時代日本刀的直系後裔。

檢視刃文時可以看出許多細節。「匂口」（nioiguchi）是標示出刃文的分界線，也叫做「刃緣」（habuchi），這條分界線應該從頭延伸到尾，清晰且不中斷。刃文往往有延伸或突出部，叫做「足」（ashi），從「刃緣」往刃口延伸，有助於分辨刃文的細節。足通常是與刃文的分界線近乎垂直的直線，有可能短到幾乎看不見，也有可能非常長而明顯。有足就表示刃文的鋼材經過適當程序的交錯混合，與刀身主體的鋼材緊密接合。

這把鐮倉時代的刀具備了充分發展的丁子（choji）刃

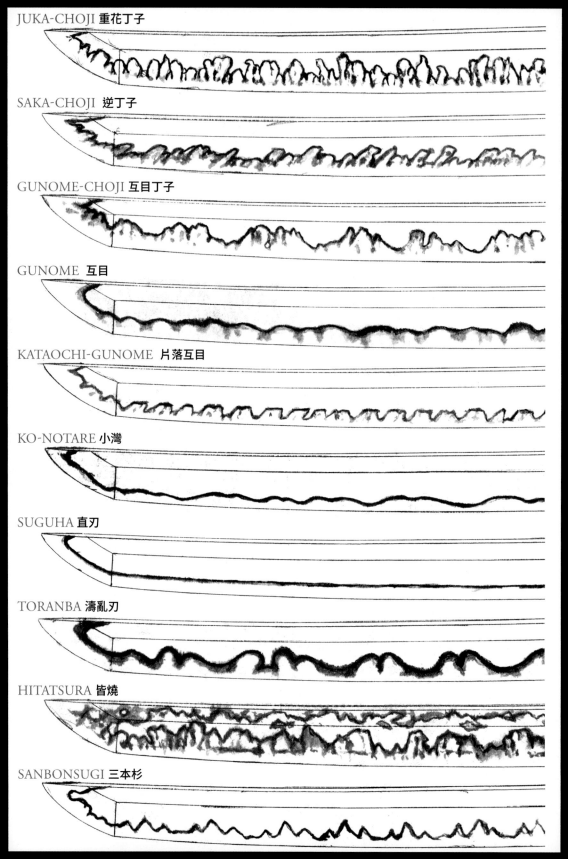

JUKA-CHOJI 重花丁子

SAKA-CHOJI 逆丁子

GUNOME-CHOJI 互目丁子

GUNOME 互目

KATAOCHI-GUNOME 片落互目

KO-NOTARE 小灣

SUGUHA 直刃

TORANBA 濤亂刃

HITATSURA 皆燒

SANBONSUGI 三本杉

押形與刃文

刀匠需要多年的訓練，才能精通極為困難的刃文製作程序，而且每一位刀匠的都有自己的作法。經過妥善打造的複雜刃文，其實就像刀匠的「指紋」一樣。有許多刀匠或是製刀流派，光憑刃文就能知道是他們的作品。

日本刀的照片通常只拍出以刀身主體為背景的刃文輪廓，一般看不到其中更細的細節。講述日本刀的傳統文獻，通常都用「押形」（oshigata）來表現刃文，也就是描出刀的形狀，再在上面仔細畫出刃文細節。由於刃文是日本刀相當重要的特色，要在文書上呈現，最佳方式就是除了刀的照片之外，再配上同一把刀的「押形」，以顯示刃文的細節。

右圖是一把短刀的全身照以及它的押形。照片看得出整體形狀、刀身的形式、顏色以及一些刀條表面的細節。不過，有些刃文的細節只能看出大致輪廓，而透過「押形」就能看到粗厚複雜的刃文分界線，連同其中繁複的形狀，以及包括「足」（較柔軟的鋼材形成的線條，往刀刃延伸到刃文）在內的細節。在描述或討論刃文時，會用「押形」描繪的細節來描述刃文，以及和其他刃文比對。

刀的照片可以看得出刃文輪廓，但是通常無法看出錯綜複雜的刃文細節。傳統的「押形」是在描摹好的刀身輪廓上繪製所有重要的細節。右圖是同一把短刀的照片及「押形」並列。雖然照片看得出好幾項短刀的重要特徵，不過刃文卻只看得輪廓，而旁邊同一把短刀的「押形」就可以看出刃文的細節。照片加上「押形」是在出版品上呈現日本刀最好的方式。

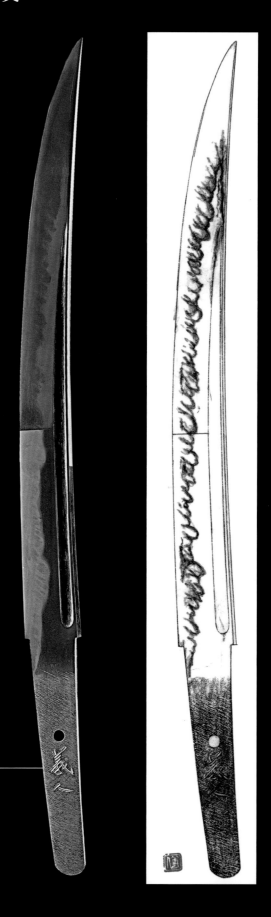

日本刀的鋼材與結構

日本刀的性質取決於所用的鋼材，所以了解傳統日本鋼材獨樹一幟的特性會有助於鑑賞。廣泛來說，鋼是鐵和碳的組合。日本鋼是用一種叫做「踏鞴」（tatara，原意是腳踏的風箱）的傳統熔煉爐打造，材料則是呈沙子型態的鐵礦「砂鐵」（satetsu）。經由踏鞴打造出來的鋼材稱為「玉鋼」（tamahagane）。

砂鐵用踏鞴熔煉出來的鋼材含碳量很高，可達2到3％。然而，想要打造一把功能性強的實用刀，理想的鋼材含碳量是0.6到0.7％。因此，從踏鞴中取得玉鋼之後，刀匠的首要任務就是精煉鋼材，讓含碳比例降到理想值。

刀匠的目標是提高鋼材的均質性，製造出一致的含碳量，並去除其中的雜質。具體作法就是把玉鋼鍛打成薄板，然後敲碎成約2到4公分的碎片，再把這些碎片堆疊、加熱、鍛打成鋼胚，再反覆折疊鍛打。

在整個鍛打與摺疊鋼材的過程中，每次摺疊可以降低大約0.2％的含碳量。如此反覆摺疊，直到獲得0.6到0.7％的理想含碳量。刀匠能藉由鋼材在摺疊與鍛造過程中的反應，判斷含碳量，一旦含碳量達到適當比例，就會鍛造成刀的形狀，再經過車磨進一步整形。

用這種方式煉鋼有幾個理由。第一，這個程序能優化碳含量。第二，能去除熔渣與雜質。第三，鋼材經過鍛打會更為均質。原本玉鋼的均質性不高，無法做出好刀。此外，經過鍛造的鋼材會更強韌，也就是比原本的玉鋼更具彈性，比較不會在使用時彎曲或折斷。一旦鋼材經過充分鍛造、刀條成形後，就可以開始進行製作刃文的程序；刃文必須使用含碳量高的鋼。

製作刃文的基本原則相當直接，運用的是鋼的一項重要性質：加熱到高溫再快速冷卻，會改變鋼的結晶結構，使硬度大幅提升。不過在實際操作時，攸關很多關鍵的細節。日本人大概花了500年，才從早期的簡單刃文，進步到能夠做出今天我們見到的這些充滿特色的複雜刃文。

打造刃文需要幾項重要條件：鋼的純度要很高，除了鐵和碳之外，幾乎不能有其他元素。再者碳含量必須相當高，如同先前所述，含碳量0.6到0.7％是最理想的。鋼材上要做出刃文的區域必須加熱到臨界溫度，一般來說是接近攝氏800度，在這個溫度鋼材會失去磁性。一達到適當溫度之後，就要快速冷卻，通常是泡入水槽裡。這個透過加熱與冷卻刀身來形成刃文的過程，叫做「燒入」（yaki-ire）。

製作刃文還有另一個重要元素。需要加硬、預備形成刃文的區域僅限於刀刃部位，如果把整條刀身都加硬，會使刀身過於脆硬，容易在使用時斷裂；因此，只

有刀刃沿線的部位需要反覆加熱與冷卻。

為了解決這個問題，日本刀匠發明了一種只加硬刀刃的方法，就是在刀身上塗抹一層黏土，形成複雜的圖案，再開始加熱與冷卻的程序。在這個過程中，整個刀身都必須加熱，而這種塗抹黏土的手法可讓刀刃急速冷卻，同時減緩刀身其他部位的冷卻速度。刀身冷卻速度較慢，即可避免在過程中跟著變硬。最理想的結果是刀刃堅硬，並帶有錯綜複雜的刃文圖案，而刀身相對柔軟，讓整把刀維持韌度。如果刃文經過適當的設計與鍛造，在使用時就不容易造成太多損害。此外，經過適當設計的刃文，也能把刀身使用時造成的損害與缺口大小限制在某個範圍內。

第47頁的圖表說明了為何含碳量高的鋼材可以燒出刃文。鐵碳圖表的橫軸，是純鐵碳混合物中的含碳比例，縱軸是溫度。鐵和碳混合時，碳的比例與混合物的溫度會決定鋼材最後呈現的型態。每種型態都有不同的性質，而對一把刀來說，最重要的性質就是金屬的硬度。

鋼在加熱與冷卻後會呈現多種不同形態，如麻田散鐵、沃斯田鐵（austenite）、肥粒鐵（ferrite）、波來鐵（pearlite）、雪明碳鐵（cementite）等。日本刀相對柔軟的刀身主體，大部分是由肥粒鐵和波來鐵組成，形成這兩種型態的溫度需低於攝氏727度。鐵碳圖表有一條標註為「臨界溫度」的線，從攝氏727度到超過攝氏900度，視含碳量而定。鋼加熱到臨界溫度以上，就會失去磁性，變成沃斯田鐵的型態。然而，一把刀在正常生活中或使用時，不可能維持在這樣的高溫中。如果刀身加熱到超過臨界溫度再急速冷卻的話，沃斯田鐵的結構就會崩解，轉變成另一種型態的結構，叫做麻田散鐵。與沃斯田鐵不同的是，麻田散鐵是室溫下的穩定型態，且非常堅硬。如果刀緣使用麻田散鐵，就能得到最極致的刀刃。

要創造出堅硬的麻田散鐵刀刃，同時又要保有較軟的肥粒鐵和波來鐵，刀身就必須經歷「燒入」的過程。這時最大的考驗是確保刀刃區域的冷卻速度比刀身快，這樣刀刃才能形成麻田散鐵，而刀身主體又能維持在肥粒鐵與波來鐵的型態。如上所述，要達到這樣的效果，日本刀匠的作法是在刀身上塗一層黏土，刀刃區塗得很薄，刀身主體塗得較厚。塗了厚黏土的區域，冷卻速度只比刀刃區慢幾千分之一秒，但就足以讓鋼材在「燒入」之後，維持較軟的型態。

如果複雜的黏土層發揮應有的效用，加熱與冷卻的過程就會在刀身的不同部位形成不同的硬度。儘管黏土的圖案會影響刃文的形狀，但與最後形成的刃文不盡相同。刀匠唯有經過大量的訓練與經驗，才能藉由黏土的塗覆方式創造出自己想要的刃文。同樣地，刀匠也需要多年經驗，才能把刀身精準加熱到需要的溫度，製造出合乎要求的刃文。

除了上述程序之外，日本刀的製造通常還需要另一個步驟：以較柔軟的鋼作

為心材，打造成刀的中央區域。心材的功用如同避震器，可使刀身免於承受極端壓力而斷裂。因此經過適當程序打造的日本刀，是包含了三種鋼材的複合結構：

- 柔軟的芯材（心鐵，shingane）。
- 外層含碳量高而硬的鋼（皮鐵，kawagane），組成刀身表面。
- 麻田散鐵（刃文，hamon），構成加硬的刀刃。

日本刀的結構、組成和鍛冶都獨樹一幟。首先，由於鋼材品質的關係，日本刀的形狀才有辦法打造得這麼修長優雅。其次，刀刃邊緣有清晰可見的圖案，這是全世界所有刀劍中僅見的，代表日本刀的刀刃加硬程度比刀身其他部位高得多。此外，從鋼本身就能看出事先經過鍛冶，這是為了製造出如此高品質的鋼所必要的，表面通常也有可見的紋路（地肌）。這些特徵都是欣賞與評鑑日本刀的重要依據。

圖中是一塊玉鋼。日本刀就是用這種含碳量高的鋼來打造。玉鋼是從鐵礦砂熔煉而來。

這張鐵碳圖表說明了在不同條件下形成的各種晶體或結構型態的鋼。這裡有兩項變數，一個是溫度（縱軸），另一個是碳含量（橫軸）。要打造出刃文，刀身必須加熱到臨界溫度以上，才會失去磁性。典型的日本刀含碳量是0.6到0.7%，必須加熱到約攝氏750度以上，才能在冷卻時出現高品質的刃文。

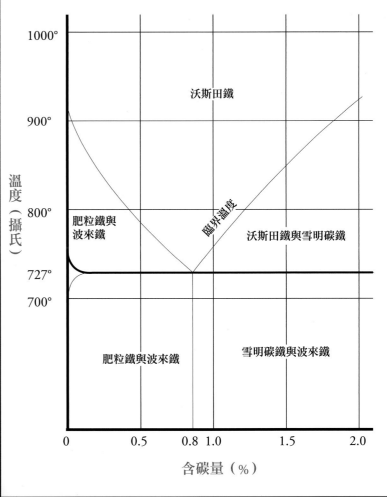

這張鐵碳圖表說明了在不同條件下形成的各種晶體或結構型態的鋼。這裡有兩項變數，一個是溫度（縱軸），另一個是碳含量（橫軸）。要打造出刃文，刀身必須加熱到臨界溫度以上，才會失去磁性。典型的日本刀含碳量是0.6到0.7%，必須加熱到約攝氏750度以上，才能在冷卻時出現高品質的刃文。

典型日本刀的橫切面。這把刀有柔軟的芯材（心鐵），外層包覆著堅硬、含碳量高的鋼材，叫做「皮鐵」。透過「燒入」的過程，刀刃會形成遠比刀身主體堅硬的麻田散鐵。因此，經過適當程序鍛造的日本刀會有三種類型的鋼。

吉原義人用兩種成分的黏土塗抹一把新刀，來製造刃文。黏土的圖案有時非常精細，刀匠的經驗與技巧會決定最後刃文呈現的樣貌。

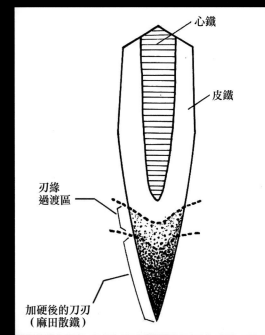

如前所述，檢視與鑑賞日本刀有幾種固定的作法。日本刀具有一種獨特的藝術吸引力，是由於刀身與鋼材本身就有無數值得欣賞與評鑑的特徵。雖然也有別的藝術品運用了鋼材，但一般來說這類作品最重要的都是造型。而鑑賞日本刀時，除了造型之外還有許多其他需要觀察的元素。當然，外型本身是考量要素：好的日本刀要有優雅的造型以及合乎功能性的外觀。刀的目的就是為了砍劈，日本刀的外型設計完全符合這個目的。日本刀通常是單刃，非常優雅而修長，帶有些許弧度。此外，做工精良的日本刀會讓使用者體驗到絕佳的重心配置與手感。

日本刀表面的鋼材（地鐵）有明確的顏色和質地。由於鋼的外觀顏色很深，所以需要好的研磨工夫才能帶出細節。檢視一把做工、研磨精良的日本刀，通常可以看到清澈的色澤與細緻的質地。此外，通常還能觀察到鍛造過程中反覆摺疊所產生的獨特表面紋路，這種紋路就叫做「地肌」，每一把刀的地肌都不一樣，取決

於刀匠為某一把刀所採用的煉鋼方式和鋼材。因此評鑑日本刀時，表面質地、顏色與地肌都是需要仔細觀察的特徵。

欣賞日本刀時，還要考量鋼材本身與生俱來的屬性，也就是刀條中不同形態的鋼與晶體結構。相較之下，鑑賞西洋刀劍時，刀柄、雕工以及其它的裝飾部件都屬於刀劍不可分割的整體，在品評時都要與刀身一起納入考量。就這點而言，鑑賞日本刀有別於欣賞其他刀劍或有刃兵器。日本刀在檢視與鑑賞時，只看裸露的、未加任何裝具的刀條。

地肌紋路

反覆捶打摺疊鋼材的過程，會在鋼材表面產生紋路，也就是「地肌」。由於各家刀匠鍛造技巧不同，地肌紋路也變化萬千。除此之外，唯有經過非常良好的磨礪，一把刀的地肌紋路才有可能容易分辨。本節列出歷史上不同時期各家刀匠鍛造的日本刀地肌紋路。

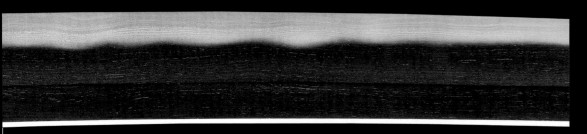

柾目肌（Masame Hada）
直線紋路。

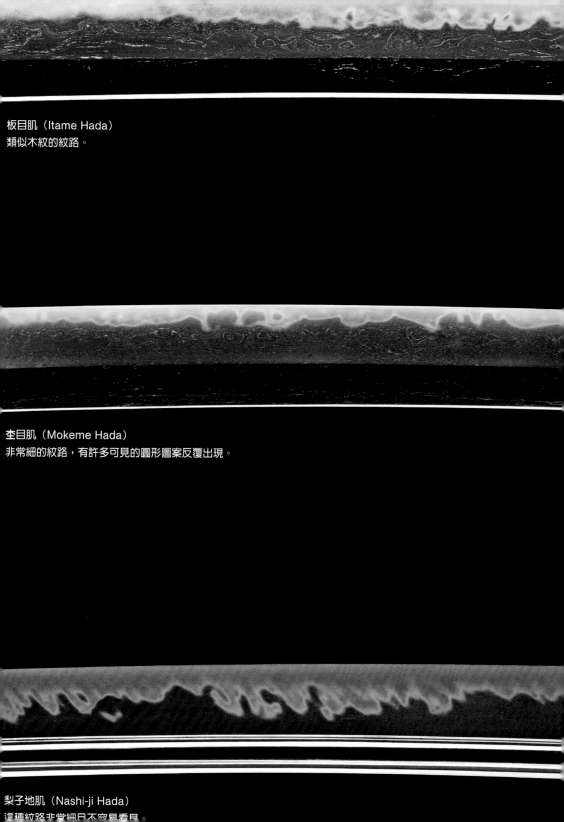

板目肌（Itame Hada）
類似木紋的紋路。

杢目肌（Mokeme Hada）
非常細的紋路，有許多可見的圓形圖案反覆出現。

梨子地肌（Nashi-ji Hada）
這種紋路非常細且不容易看見。

由於日本刀選擇性地將刀刃加硬，讓刀身主體維持相對柔軟，因而導致刃文的出現。這代表一把典型的日本刀含有兩種型態的鋼：刀刃區域「刃」（ha）的硬鋼，以及刀身主體「地」（ji）的軟鋼。在兩種鋼交錯混合之處，會形成一條清晰可見的界線。這條界線通常是由非常細小的結晶顆粒「匂」（nioi）所組成，其中個別的顆粒太小，肉眼看不出來，所以這條線在視覺上是一條連續不中斷的線。線通常是白色的，明確地把刃文和「地」區隔開來。有時候這條線會由顆粒較大的「沸」（nie）組成，沸跟匂是一樣的顆粒，但個別的沸顆粒大到用肉眼就能清楚看見。有很多刃文都是匂組成的，但是也含有些許的沸。在刃文上方的「地」出現的「沸」，就叫做「地沸」（jinie）。和沸的顆粒與線條會形成什麼樣的外觀與組成，取決於刀匠的做法、使用的鋼材，以及燒入程序的執行細節。

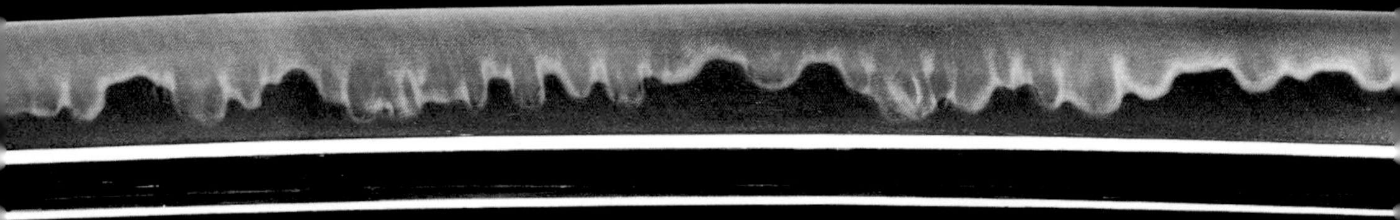

圖中的刃文有一條非常複雜的**匂**線，這條劃分出刃文區的清晰白線，是由極微小的「**匂**」顆粒所組成。

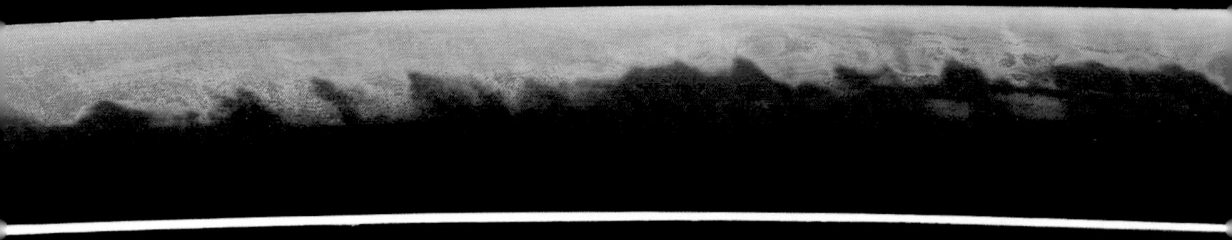

圖中的刃文含有**匂**以及許多沸顆粒。在刃文的白色區域可以看見許多單獨的沸顆粒，在剛進入刃文區的地方也有。刀身主體上有時候也會出現沸顆粒，如圖中所示，這些大而清楚的沸（地沸）就出現在刃文區的上方，直達鎬與鎬線上方。

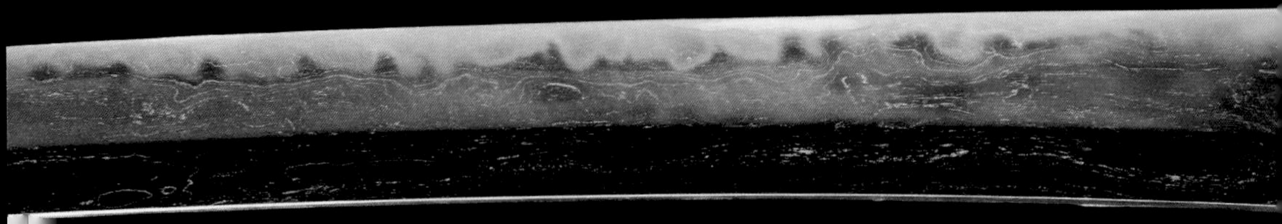

刀裝具：拵與白鞘

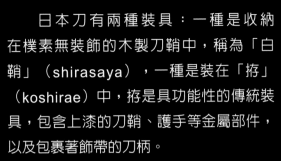

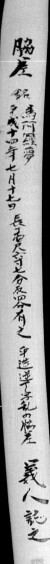

日本刀有兩種裝具：一種是收納在樸素無裝飾的木製刀鞘中，稱為「白鞘」（shirasaya），一種是裝在「拵」（koshirae）中，拵是具功能性的傳統裝具，包含上漆的刀鞘、護手等金屬部件，以及包裹著飾帶的刀柄。

今天刀匠通常會將製作完成的新刀裝入特製的白鞘。如果刀的主人想要擁有能夠實際使用的傳統拵，就必須在刀匠完工後，委託另一批工匠製作。如今西方所見的古日本刀，原本的拵多數因年代久遠早已腐朽，因此都是裝在白鞘中。較老的日本刀必須定期重新磨礪，完工後再裝入重新製作的白鞘，以保護剛磨好的刀身。因此今天我們看到的多數日本刀，都是裝在白鞘裡。

左圖是一個具實用功能的完整日本刀裝具「拵」。「拵」包含上漆的刀鞘、具有飾帶的刀柄、護手（鍔）以及其他金屬部件。此為日本美術刀劍保存協會（NBTHK）收藏品。

右圖是簡單的白鞘。日本刀在實際使用上，並不適合採用這種樸素、未帶有任何裝飾的木製刀鞘。白鞘上的文字叫做「鞘書」（sayagaki），是刀的主人或刀匠加上去的銘文。鞘書內含許多資訊，諸如刀匠與刀主人的名字、刀的長度、製造日期等。

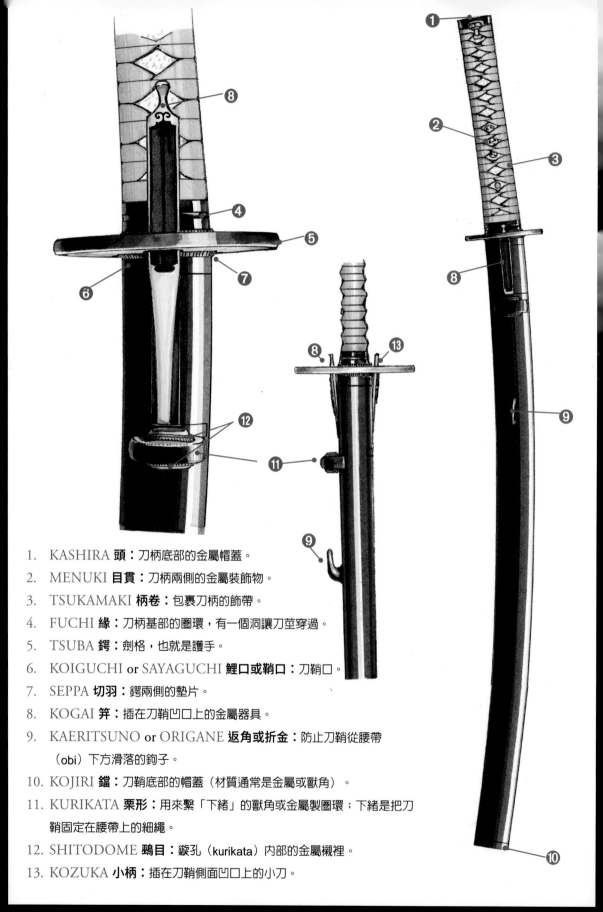

1. KASHIRA 頭：刀柄底部的金屬帽蓋。

2. MENUKI 目貫：刀柄兩側的金屬裝飾物。

3. TSUKAMAKI 柄卷：包裹刀柄的飾帶。

4. FUCHI 緣：刀柄基部的圈環，有一個洞讓刀莖穿過。

5. TSUBA 鍔：劍格，也就是護手。

6. KOIGUCHI or SAYAGUCHI 鯉口或鞘口：刀鞘口。

7. SEPPA 切羽：鍔兩側的墊片。

8. KOGAI 笄：插在刀鞘凹口上的金屬器具。

9. KAERITSUNO or ORIGANE 返角或折金：防止刀鞘從腰帶
   （obi）下方滑落的鉤子。

10. KOJIRI 鐺：刀鞘底部的帽蓋（材質通常是金屬或獸角）。

11. KURIKATA 栗形：用來繫「下緒」的獸角或金屬製圈環；下緒是把刀
    鞘固定在腰帶上的細繩。

12. SHITODOME 鵐目：鏃孔（kurikata）內部的金屬襯裡。

13. KOZUKA 小柄：插在刀鞘側面凹口上的小刀。

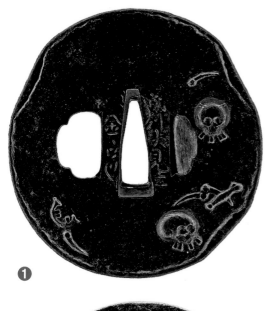

1. 室町時代（Muromachi）的簡單鐵製護手，有鑲嵌與銘刻的骷髏與骨頭圖案，上有「金家」（Kaneie）的落款，「金家」是最早在護手上使用裝飾的刀匠之一。
2. 由室町時代一名刀匠所造的鐵製護手，以一塊簡單的鐵片挖出蜻蜓的輪廓作為裝飾。
3. 江戶時代雕工精巧的護手，顯示鶴的輪廓。
4. 雕出眾多神祇與一頂頭盔（kabuto）的鐵製護手。這些圖案是鏤空雕成，細節非常精美，有些部分還以金箔上色，是江戶時代的作品。

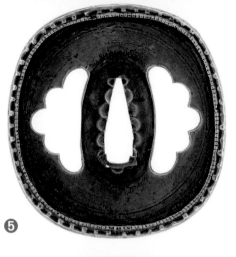

⑤

⑥

⑦

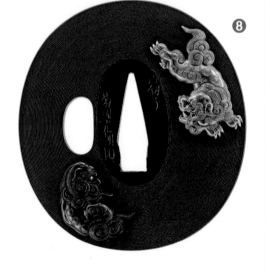

⑧

5. 桃山時代（Momoyama）的銅製護手，外圈為銀製。護手主體與邊緣金屬有上色，以打孔與銼削方式裝飾，劍格主體上還有簡單的圈狀銼線。

6. 這塊黃銅製護手也是桃山時代的作品，以精雕細琢的刻線做大面積裝飾。

7. 這兩張圖是同一塊鐵製護手的正反兩面，由江戶時代末期的夏雄（Natsuo）製作，刻有雨和牡丹。

8. 這塊護手是由赤銅（shakudo，一種銅金合金）製成，有優美的黑色銅綠光澤。裝飾圖案是一連串的黑點，叫做「魚子紋」（nanako，即魚卵）。每一個點都是鑿子鑿出來的，鑲嵌的兩隻獅子材質分別是黃金與赤銅。這件作品製作於幕府末年（1800-1850），近江戶時代末期。

9. 這是由玉岡俊行（Toshiyuki Tamaoka）打造的現代護手，落款「俊行」，時間是2009年，護手主體有透雕（sukashi）風格的鏤空櫻花，邊緣與部分櫻花以金線鑲嵌（zogan）。

1. 這是一組「大小對刀」（daisho，武士佩戴的一組大刀與小刀）上的成對「緣」
   和「頭」。「緣」是木製刀柄基部的金屬圈環；「頭」是刀柄底部的金屬帽蓋。
   這對「緣」和「頭」使用的材質是赤銅，表面飾有打孔鑿成的魚子紋，做工精細
   的老鷹鑲嵌是以黃金打造。

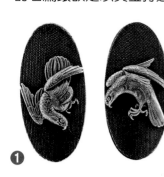

❶

2. 這三個一組的配件有「鍔」、「緣」
   和「頭」，以稻穗作為裝飾主題，其
   中稻粒是黃金製成，稻葉是赤銅。稻
   穗鑲嵌在鐵製的鍔上，頂部刻出鏤空
   的雲和月。鍔上的月用的是金箔，雲
   的周遭有黃金雨滴。緣和頭
   的材質都是赤銅，表面都
   是魚子紋飾。

❷

❸

3. 這是一對「目貫」，即裝在刀柄兩側的裝飾物。一個是鹿，另一個是手持烏龜的
   神話人物。兩者材質都是以赤銅雕成，細節處有金箔鑲嵌。

4. 「三所物」是刀裝具上三件一組的配件，包含一對「目貫」、一把「小柄」（多用途小刀），以及一支「笄」（武士用來整理頭髮的工具）。在這組配件中，目貫是黃金獅子，赤銅打造的小柄和笄上也是獅子的圖案。

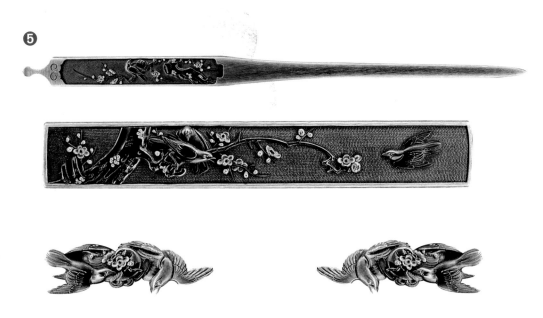

5. 「三所物」套組。這個套組中的目貫是以黃金與赤銅雕成的鳥；黃金鑲邊的笄與小柄材質是赤銅，鑿有魚子紋裝飾，鳥與梅樹以浮雕刻成，梅花則以黃金鑲嵌。

系卷（itomaki）太刀拵

　　這種類型的太刀拵最早出現在鐮倉時代後期到室町時代，在江戶時代則是作為正式場合的著裝打扮。由於這是太刀的裝具，太刀佩戴時是刀刃朝下，所以附上一條帶子讓刀鞘可以懸掛在腰間。刀鞘上有兩個叫做「足」（ashi）的掛鉤，用來把刀鞘固定在繫帶上。刀柄周圍的編結飾帶一路延伸到刀鞘的上半部。下面的細部照片可見到刀柄與刀鞘底部。

大小對刀拵

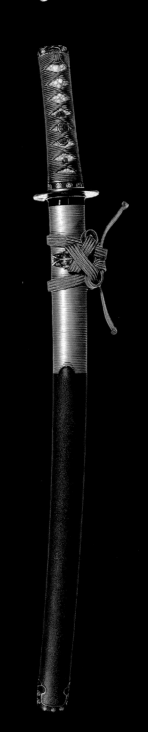

　　到了江戶時代，武士已開始同時佩戴刀（katana）與「脅差」（waki-sashi），這樣的一組雙刀叫做「大小對刀」（daisho）。圖為一組大小對刀拵。大刀和小刀裝在成對的拵中，但看似一致的大小對刀拵，往往還是有細微差異。細部照片顯示小刀拵的刀柄，上面的目貫、緣、栗形、鍔與鐺都飾有德川（Tokugawa）家徽。

本頁展示了兩把刀拵。刀拵是刀刃朝上穿過腰帶繫在腰間。上圖的刀拵非常華麗，有繁複精美的細節。在部分金屬部件與刀鞘主體上有德川家徽，刀鞘外覆上漆的魟魚皮（same）。下圖的刀拵較為樸素，但刀鞘也包了上漆的魟魚皮；刀柄綁繩底下的魟魚皮同樣也上了黑漆。

匕首（Aikuchi）：短刀拵

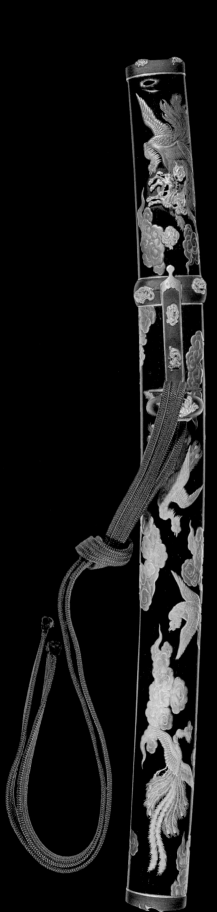

匕首短刀拵沒有「鍔」。上方的拵大約是江戶時代後半葉
的作品，刀鞘上有非常華麗的金屬與漆作。在黑色漆面的
刀鞘與刀柄上，以黃金打造的鳳凰與雲朵作為裝飾主題。
上面三張小圖可以看到拵的細節。

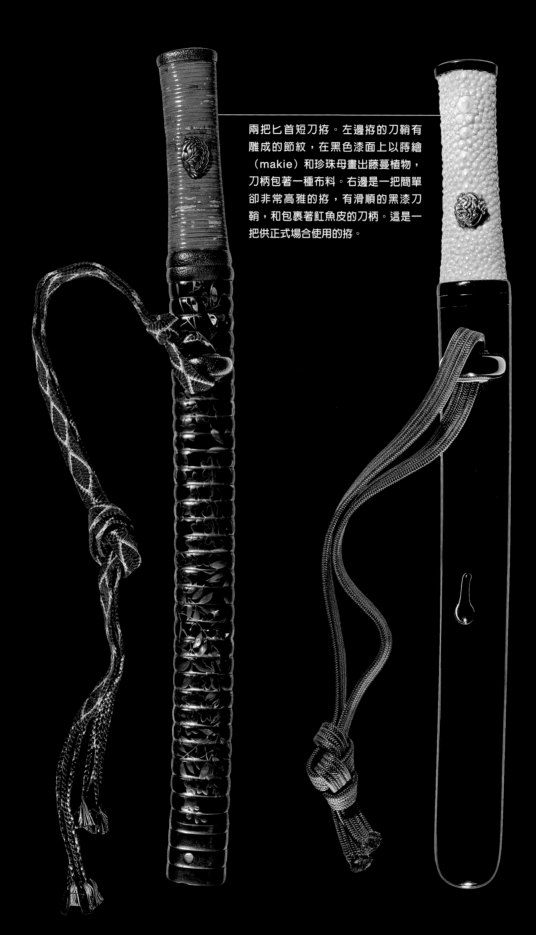

兩把匕首短刀拵。左邊拵的刀鞘有雕成的節紋，在黑色漆面上以蒔繪（makie）和珍珠母畫出藤蔓植物，刀柄包著一種布料。右邊是一把簡單卻非常高雅的拵，有滑順的黑漆刀鞘，和包裹著魟魚皮的刀柄。這是一把供正式場合使用的拵。

日本刀漫談

吉姆・山德勒（Jim Sandler）

居住在加州舊金山的吉姆・山德勒是日本刀的狂熱愛好者，他在一個關注環境議題與新綠色科技的非營利基金會擔任管理職。他年輕時曾學習日本武術，培養出對日本刀的興趣。吉姆承襲了父母對藝術收藏的熱愛，他父母的嗜好是現代藝術，他則專攻日本刀。他的收藏包括古刀和現代刀，以及隨刀搭配的拵。

我覺得刀握在手裡的感覺很奇妙。它是從自然中創造出來的，卻又一點都不自然，能讓人感受到人造物在變動不居的世界中的永恆性。鋼鐵就大部分的功能形態來說，是冰冷沒有感情的；然而經過藝術家的巧手塑造，卻能散發出靈性與活力，使生命與無生命融為一體。許許多多這一類的矛盾面相，都展現在匕首或刀身的形態中。然而這又和銅雕大異其趣，因為刀有工具性，主要的功能就是殺人。對我來說，這一點既令人害怕，又充滿刺激。每次我把出鞘的刀遞給刀友時，總會意識到這個動作代表我放棄了對他們的生殺大權，同時把自己的生命交給了對方。

所有的匕首與刀或多或少都有這樣的特質。中世紀騎士揮舞的刀也有它自己的形狀和令人景仰的威嚴，而且絕對擁有殺戮的能力。一把好的獵刀在外觀上可能侵略性十足，但握在手裡卻又充滿了平衡感。西洋劍在纖細與優雅之中，結合了致命的刺擊力。這些獨樹一幟的特色，同時來自刀身的實際功能性，與刀匠灌注其中的個人風格。然而對我來說，日本刀把這一切提升到了另外一個層次。日本刀匠憑著無比投入的精神，把刀的致命性提升到極致，而進入美的境界；更不用說他們還以神乎其技的手法運用溫度與鋼合金，製造出一把輕盈、堅固又柔韌的刀。

剛開始接觸日本刀時，愛好者對於刀、以及背後的刀匠所展現出來的那份崇高敬意，深深吸引了我。不但過去不乏因鍛造技巧而備受尊崇的刀匠，後來的每個世代也似乎都有刀匠誕生，而且他們打造出來的刀所受到的關注還更勝以往。

日本刀似乎隨著日本的政治與戰鬥方式演變了一千年，但仍忠於某些更高層次的原則。如同好酒必須在所有酒類專家認可的限制條下釀造一樣，日本刀也有需要遵循的一套標準。其中最吸引我的，就是日本刀必須具備武器的實用性。由於這個因素，日本刀的外形、重量、刀身的平衡等能改變的選項就非常有限。要是調整太大或變化過度，就會失去實用性，變成一件不能用的東西，除了無法當武器，也會連帶失去作為藝術品的收藏價值。例如很多做刀的藝術家為了吸引收藏家，會添加浮誇的裝飾元素。但對我來說，這些元素減損了刀的精髓，避開了對武器真實本質的探究。相對之下，日本刀簡潔的外形真正反映出刀匠持續追求完美的奉獻精神。

吉姆・山德勒（Jim Sandler）

克利夫・辛克萊爾現居英國倫敦附近，退休前從事廣告業。他長期鑽研、教授劍道與居合道（Iaido）的經驗，影響了他對日本刀的看法。他認為學習這些武術，才能實際欣賞日本刀的藝術價值，兩者為一體兩面。克利夫是西方最早研究與保存日本刀的團體之一「英國刀劍協會」（To-ken Society of Great Britain）的主席，撰寫過兩本關於日本刀的書。他對於江戶時代肥前國（現今的佐賀縣）出產的肥前刀（Hizen-to）特別感興趣。

當然，欣賞日本刀有很多理由。對於地鐵、地肌以及刃文的變化（hata-raki）與形態的理解，是透過視覺感知的，就算有時候需要一點教育和解釋會更好，但是只要你有眼睛可以看，日本刀就無法對你保密。只要具有敏感的天性和放鬆的頭腦就能充分欣賞這樣的東西。對某些人來說，也許這樣就夠了，但若能進一步研究日本刀的文化，會使鑑賞的心得更加深刻。對我而言，這是鑑賞日本刀時不可或缺的重要部分。

小笠原（Ogasawara）老師告訴過我：「克利夫，你的問題在於你是從劍道的角度看日本刀。」儘管我不盡然同意他的說法，但完全可以接受。現代日本刀即使早已遠離過去生死攸關的戰鬥情境，但也認同實用性的重要。也就是說，為了保有身為武器的完整性質，日本刀不能彎曲或斷裂，而且要有良好的砍劈效能。現代的「新作刀」（shinsaku-to）正是基於這樣的考量而製作，欣賞和把玩起來也才會這麼令人過癮。

因此，一把刀要是除了這些之外，又有歷史背景，怎麼可能不讓人感動？要擁有一把可能對抗過蒙古人入侵的刀，或是之前經歷過五十代刀主的悉心照料與保存的刀，是需要承擔重責大任的。毫無疑問地，研究與鑑賞上好的日本刀，也和禪宗觀念中的「道」，以及某種形而上的層面有關，這類的研究在古日本是貴族階級才能接觸的領域。

我個人認為，鑑賞日本刀時，若能再輔以積極研習劍道與居合道，或許能獲得更大的體悟。研習這兩項武術有助於從非常實際的層面，了解刀的製造目的與效能。我把這一點視為日本刀純學術研究的另一面。當然這未必適合每個人，但劍道與居合道即使到了高齡都能練習。對於日本刀的收藏者來說，這不但是絕佳的經驗，也不失為更全面了解日本刀的一種方式。

除了上述層面之外，在現今的國際市場上，研究日本刀還有其他很棒的好處。因為日本刀的關係，我造訪了許多地方，也認識了來自世界各地的朋友，對此我不勝感激。這就是我現今所看到的日本刀文化，我喜愛的也正是這種文化。如果這樣代表我從劍道練習者的觀點來看刀的話，那我想小笠原老師的說法是正確的。

四條韋恩（Wayne Shijo）

四條韋恩是日本刀狂熱愛好者與收藏家。他是第三代日裔美國人，在加州帕羅奧圖（Palo Alto）長大。大學畢業後，他遷往沙加緬度（Sacramento）的住所，開始從事環境規畫與交通運輸工程的工作，目前仍在此居住。韋恩對日本刀的喜愛源自本身的日本文化背景，至今已超過25年。他在認真研習日本刀之餘，也活躍於當地的日本刀組織，並持續收藏與研究日本刀。他也學會了運用傳統日本工法、工具與材料製作白鞘。

我和很多人一樣，對日本刀深深著迷，而且持續不輟，因為日本刀並非停滯不前，而是不斷在改變、成長與進步，持續讓我看見新的面向。日本刀一開始就像一個人那樣吸引我的注意，讓我有興趣進一步了解，然後產生想要學會如何保護、照顧刀的欲望。有時候我覺得日本刀似乎是有意識地引導我，一步步從單純的著迷，到熱衷於研究，繼而積極地加以保存。

對我來說，日本刀不只是一扇看見日本文化與歷史的窗，也和我的血統有實質上的連結。它是古代工藝的展現，在瞬息萬變的現代世界中，是我能握在手裡的一件恆久不變的東西。因為這種個人的連結，我對日本刀產生了責任感。

我承認刀最初之所以吸引我，是因為它是武器。而且這些武器來自日本，又很古老，所以牢牢抓住了我的目光。興趣被挑起之後，我就開始去了解日本刀的各種類型、形狀的差異，以及製作的材料和方法。我了解到日本刀

的形狀、結構和組成會隨著時代改變，以滿足製刀當下的需求並解決問題。研究刀的同時，也會看見日本社會的變遷，以及日本人看待世界的方式如何改變。事實上，研究日本刀而不了解日本社會與民族，就等於忽略了這些作品的一個關鍵層面。日本刀反映了打造出這把刀的社會與個人，要了解日本刀，就需要了解這整個派絡。多年下來我已經收藏了不少日本刀——也收藏了滿滿一櫃的歷史書。

我還在念書的時候，對歷史實在沒什麼興趣，但是日本刀完全改變了這一點。寫到這裡，我眼前有一把刀，是一位日本刀匠在哥倫布（Christoper Columbus）出生之前打造的。我知道這位刀匠的名字、知道他住在哪裡，也知道他是哪一年做出這把刀的，而我非常欣賞他這件作品的品質。諸如此類的經驗全然改變了歷史對我的意義。當你可以把歷史握在手裡，歷史就不再只是學術活動而已。

長此以往，即使我是在學習日本歷史，日本刀的意義也益發深厚。儘管日本刀是和過往的連結，但它令我著迷的還是刀在當下時空中的強大存在感。有句俗話說日本刀是「武士之魂」，但這種說法並不足以真正表達日本刀對旁邊的人造成的影響。日本刀的存在感，遠比任何我知道的無生命物體都要強大，甚至超越了很多有生命的東西。我相信這種存在感源於日本刀的形成過程。日本刀的工藝因為歷史悠久，所以能持續傳承；因為嚴求功能，所以精準仔細；因為簡樸純粹，所以耗神費工。

日本刀的一切，幾乎都反映出一種刻苦、高標準的簡約主義。它的原料僅僅是基本的土、火、水和空氣。原料的處理過程非常刻苦，鐵砂要通過地獄般的冶煉程序才能成為刀條。鋼材的成形方式講求高標準，需要精準的技藝。刀的形態樸素，講求功能、簡單與純粹性。日本刀的創造反映了單純的出身、高標準的養成過程，與刻苦的人生。正是這些創造出堅強人格的元素，造

就了日本刀強大的存在感。

日本刀刻苦的出身，與培養用刀的武士並無二致。一個人要成為武士所需經歷的養成與訓練，是一個破壞的過程；因為過程艱苦，轉變才能發生。日本刀的創造也是相似的道理——熱、捶打，以及施加在金屬上的壓力，在在逼迫刀身瀕臨摧毀的邊緣，最後才成為一把刀。不是每一個人都能通過武士的訓練過程，同樣地也不是每一塊鋼都能通過試煉成為日本刀。不管是人還是鋼，能存活下來的靠的不只是力量，還要有一個堅強、單純的核心。這個過程所造就的武士——或者是刀——都具備了內在的力量、沉靜的信心，以及被單純的功能界定出來的形態。

日本刀的存在感，塑造了我和刀的關係。一開始我只是對日本刀著迷，但現在我對刀抱持了一份責任感。嚴格說來，我收藏的刀為我所有，但我常常覺得自己不是刀的主人，反而比較像刀的保護者與管理者。雖然刀是無生命的物體，但一把好刀感覺就像活的——我不可能擁有一個本身就有靈魂的東西。例如，我的收藏品中有兩把六百年前的刀，在我之前大概已經有20多代的人悉心照料過這些刀，正因為他們的照料，現在我才有保管這些刀的榮幸和責任。所以我不覺得我擁有這些刀；我只是在照顧它們。

多虧了吉原義人與里昂・卡普的無私與教導，我才有機會開始學習日本刀的研磨與白鞘的製作。研磨是為了修復刀，白鞘則是保護刀。因為我對日本刀有很強的責任感，所以我很重視這兩件事。如果我能把刀的研磨和白鞘的製作學到足夠精通，就能對日本刀的修復與保存有所貢獻。

我從孩童時期迷戀刀、學習時期的研究刀，到現在修復與保管刀。未來我希望能繼續走在這條路上。藉著努力，以及我有幸遇到的好老師，我會履行我的責任，繼續修復歷史交給我的，並將它們保存到未來。

江戶時代的武士騎馬圖，他佩戴一把太刀，還有一副弓
箭。圖為私人收藏。

日本刀簡史

第二章

歷史
日本刀簡史

這幅江戶時代畫作中有兩位揮舞薙刀（naginata，一種長兵器）的武士。此畫作收藏於岐阜縣瑞浪市的中仙道博物館，經許可後翻印。

日本刀各時期與歷史時代

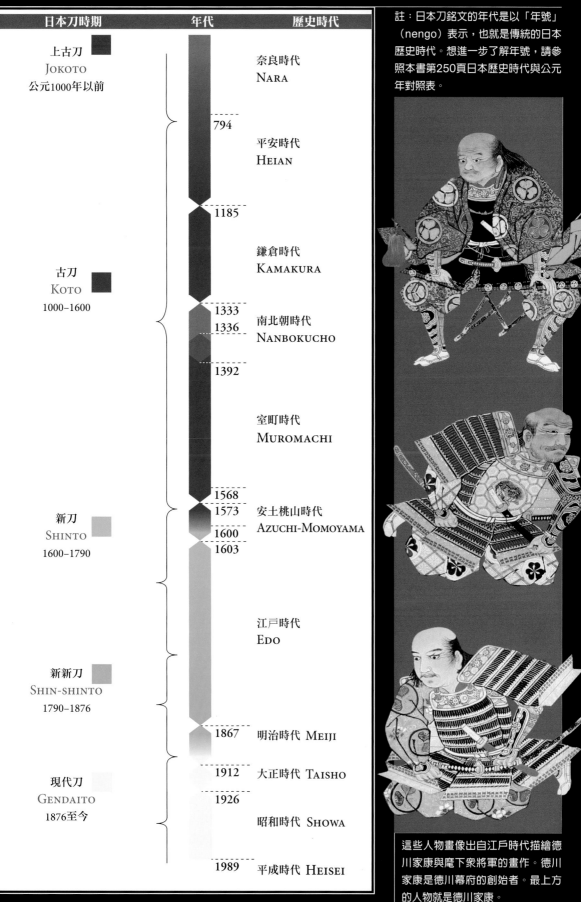

日本刀時期	年代	歷史時代
上古刀 JOKOTO 公元1000年以前		奈良時代 NARA
	794	平安時代 HEIAN
	1185	
古刀 KOTO 1000–1600		鎌倉時代 KAMAKURA
	1333	南北朝時代 NANBOKUCHO
	1336	
	1392	
		室町時代 MUROMACHI
	1568	
新刀 SHINTO 1600–1790	1573	安土桃山時代 AZUCHI-MOMOYAMA
	1600	
	1603	
		江戶時代 EDO
新新刀 SHIN-SHINTO 1790–1876		
	1867	明治時代 MEIJI
現代刀 GENDAITO 1876至今	1912	大正時代 TAISHO
	1926	
		昭和時代 SHOWA
	1989	平成時代 HEISEI

註：日本刀銘文的年代是以「年號」（nengo）表示，也就是傳統的日本歷史時代。想進一步了解年號，請參照本書第250頁日本歷史時代與公元年對照表。

這些人物畫像出自江戶時代描繪德川家康與麾下眾家將軍的畫作。德川家康是德川幕府的創始者。最上方的人物就是德川家康。

上古刀與古刀時期

早期

日本最早期發現的刀是石刀和青銅刀。這些刀看起來主要是用在典禮儀式，所以可能並不具備武器的功能。

日本最早的鋼刀出現在古墳時代（公元250-538年），這個時代的特徵是建造了許多大型的土墳。據推測，這些早期的鋼刀，連同鋼的冶煉、鍛造技術，都是從中國經韓國傳入。許多這類的刀都是發掘自土墳，但保存狀態不佳。然而，有一批第8世紀的早期刀收藏在奈良的正倉院（Sho-so in）這處保管政府財產的倉庫中，保存狀態非常良好，一般相信是從中國進口。由於這些刀經過了保養、研磨與修復，我們今天才有機會窺見某些早期日本刀的樣貌。這些刀叫做「上古刀」（jokoto）或「直刀」（chokuto），製作年代至少在公元4或5世紀到公元10或11世紀之間。

這些早期的上古刀是側面平坦的直刀。正倉院也收藏了同屬這個類型但比較後期的刀，叫做「切刃造」（kiriha-zukuri），兩側平坦對稱，在非常靠近刀刃的位置形成大角度斜面或脊線（鎬）。刀身兩側從鎬才開始往刀刃內縮，使得刀刃顯得角度相當鈍。

正倉院還收藏另一種刀，刀刃較厚較寬，看起來更實用，有的刀有從刀尖往刀柄方向延伸一小段距離的雙刃，這類型的刀叫做「切先兩刃造」，可作為第8世紀之前的日本刀以及中國式直刀的範例。

右頁下方是一把由吉原義人打造的「寫物」（utsushimono），也就是近乎一模一樣的仿造刀。其中一個圖案是以金線鑲嵌連接成的北斗七星，原件為公元7世紀飛鳥時代（Akusa period，公元593-710年）的聖德太子（Shotoku Taishi）所有。這把刀的形狀叫做「片切刃造」，沿著刀刃有非常狹窄、近乎直線的刃文。這種刀非常薄，似乎不是用來戰鬥的武器，然而，依然是用鋼鍛造而成，而且從刃文的存在可知所用的是高碳鋼。

平安時代（公元794-1185年）

上古刀的刃文狹窄筆直，一般缺乏強度與清晰度。然而，似乎自飛鳥時代起，日本的刀匠開始使用黏土來創造刃文，此後地肌與刃文就變得明顯，「直刃」（suguha）也清晰可見。

切刃造的上古刀是從平安時代初期、也有可能是中期開始。日本刀在這段時間發展演進，到了平安時代中期，開始出現與現代日本刀相似的刀身。這類型的刀比飛鳥時代與奈良時代（公元710-794年）的刀更大、更長，刀身有弧度，單刃，鎬沿著刀身上半部縱向延伸，刀身

註：各個歷史時代著名且重要的日本刀「押形」都收錄在這一章。除另外標示者外，本章的押形都是由田野邊道宏（Michihiro Tanobe）所作，經許可後翻印。

末期，開始出現非常接近現代刀的「鎬造」風格。鎬的位置往上移到較靠近刀背處，因而使刀刃能呈現出比上古刀更尖的銳角。刃文更寬更複雜，屬於「丁子」（choji）類，也出現了現代刀有「帽子」（刀尖刃文）的刀尖。這個時期名聲顯赫的刀匠是山城國（Yamashiro）的宗近（Munechika）、伯耆國（Hoki）的安綱（Yasutsuna）、以及備前國（Bizen）的金平（Kanehira）、友成（Tomonari）等。

鎌倉時代（公元1185-1333年）

公元12世紀平安時代末期，武士階級累積了更多權力與影響力，因此對具備實戰效能的日本刀產生大量的需求。這個趨勢一直延續到由武士階級掌控日本的鎌倉時代，這時的刀有了更明顯的弧度，也更粗勇，適合實戰；刀匠也開始在作品上落款。同一時間，儀式刀與實戰刀的「拵」（刀裝具）與外形，也開始有所區別。大部份儀式刀的刀身是直刀，明顯衍生自早期的上古刀。

這個時期的刀，外觀設計非常接近現代日本刀。然而，日本刀自鎌倉時代初期就持續演進改良，新的幕府提倡打造更好、性能更強的刀，而蒙古入侵日本也導致刀在設計與製造上的改變。設計方面的進步包括更寬更複雜的刃文，以及鍛造時

任劑的主體加入柔軟的低鐵，淬鎬的方式可能也有改進。

鎌倉時代初期第一個掌權的幕府，召集日本各地的刀匠來到相州國（Soshu）的鎌倉市，合作鍛造出更精良的刀；此舉也打下了相州傳的基礎。相模國（Sagami，又稱相州）為鎌倉所在區域，在鎌倉幕府約130年間一直都是鍛刀重鎮。

然而在同一時間，其他鍛刀流派也在日本各地發展。許多出自這個時期的短刀（匕首）、薙刀（長柄兵器）和太刀（長刀）仍保存至今。刀匠常常在刀上刻下名字、年代，以及工坊的所在地區。

日本中部的備前地區（靠近現今的岡山）有好幾群重要的刀匠，分布在諸如福岡（Fukuoka）、吉井（Yoshii）、長船（Osafune）等地。長船和福岡是最多產的地區，在數百年間生產了大量的備前刀。備前的高產能，有部分可歸功於品質好的砂鐵、充足的木炭、可靠的水源，以及穩定的交通運輸。

備前可能是現代日本刀的發源地，也是從公元1250年的鎌倉時代中期到公元1603年的江戶時代初期，這大約400年間生產了最多日本刀的地區。

這把北斗七星刀的「寫物」（ustsushimono，現存歷史刀近乎百分之百的仿製品）是由吉原義人製作。原件為公元7世紀的聖德太子所有，今收藏於奈良正倉院。上面鑲嵌的黃金圓點由金線連接，描繪出北斗七星。

1. 太刀　銘：安綱（名物童子切安綱）

國寶

國立東京博物館收藏

平安時代

長度：80.2公分　反：2.7公分

這是公元12世紀由伯耆國的安綱打造的太刀，現代式的外觀設計顯示出日本刀在這個時期已近乎發展完全。刀身未經修改，長度約80.2公分，彎曲弧度明顯，也看得到原本的刀莖與落款。刃文非常複雜，但很狹窄，沿著整個刀身分布。帽子非常寬，顯示這把刀幾乎完整保留了原本的形狀。

2. 太刀　銘：三條　（銘物三日月宗近）

國寶

國立東京博物館收藏

平安時代

長度：80公分　反：2.8公分

這把太刀是由平安時代末期的宗近打造，宗近住在當時是日本首都的京都。刀長80公分，刃文狹窄複雜，沿著幾乎整個刀身分布，在接近刀尖處變寬。帽子顯示這把刀的狀態良好，儘管年代久遠，仍完整保留了原本的形狀。刀莖尖端有部分往內削減，長度也些微縮短；刀莖靠近尖端的部分非常狹窄，且就在研磨部位起始處的下方突然加寬，這種形狀叫做「雉子股」（kiji-momo，雉雞大腿）。

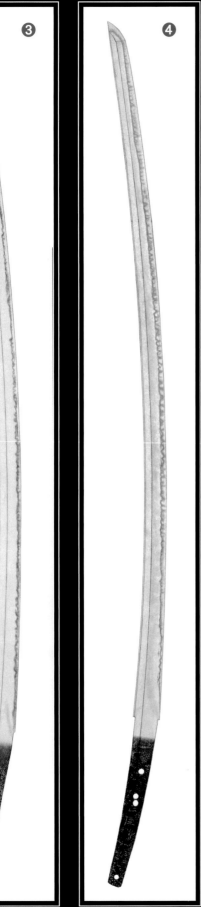

鎌倉時代初期的日本刀

3. 太刀　銘：備前國友成
重要文化財
鎌倉時代初期
長度：79.2公分　反：2.6公分

　　這把79.2公分長的友成太刀與左頁兩把刀相同，是弧度非常明顯的長刀，似乎也保留了原本的形狀。友成是平安時代末期的人，在產生備前傳的古備前（Ko-Bizen）流派製刀。這把刀的刃文狹窄複雜，沿著整個刀身分布，有清晰的互目或丁子波紋。刀身與刀莖看起來未經過改造。

4. 太刀　銘：正恆
國寶
平安時代末期或鎌倉時代初期
長度：77.6公分　反：2.5公分

　　這把太刀由平安時代末期的正恆打造，外形和刃文與上述三把刀相似，長度是77.6公分。這把刀的保存狀態非常良好，刃文長且狹窄，大塊的帽子代表刃文保持了原本的形狀。刃文形態優良，有大量綿密不斷的互目波紋與足。刀莖尾端的平直斷口、刀莖底部的固定孔，以及落款的位置（位於刀莖的中間），都顯示刀莖被削短過。

到現代剛開始之前的各種記錄中，被寫出名字的刀匠至少有3萬3000位。本表按照年代與區域，列出其中最重要的刀匠與流派。

古刀時期（公元1000-1600年）

相模（Sagami）：438位刀匠列名
新藤五國光（Shintogo Kunimitsu）
行光（Yukimitsu）
正宗（Masamune）
貞宗（Sadamune）
大和（Yamato）：1025位刀匠列名
天國（Amakuni）
千手院延吉（Senjuin Nobuyoshi）
長吉（Nagayoshi）
手搔包永（Tegai Kanenaga）
當麻（Taima）流派刀匠
山城（yamashiro）：847位刀匠列名
三條宗近（Sanjo Munechika）
栗田口國友（Awataguchi Kuni tomo）
則國（Norikuni）
久國（Hisakuni），國綱（Kunitsuna）
吉光（Yoshimitsu）
來國行（Rai Kuniyuki），國俊（Kunitoshi）
國光（Kunimitsu），國次（Kunitsugu）
倫國（Tomokuni）
綾小路定利（Ayanokoji Sadatoshi）
長谷布國重（Hasebe Kunishige），國信（Kuninobu）
備前（Bizen）：4005位刀匠列名
古備前友成（Ko-Bizen Tomonari），包平（Kanehira）
福岡一文字則宗（Fukuoka Ichimonji Norimune）
助宗（Sukemune），守利（Moritoshi），吉房（Yoshifusa）
長船光忠（Osafune Mitsutada），長光（Nagamitsu），景光（Kagemitsu），兼光（Kanemitsu），佑定（Sakesada）
備中（Bitchu）：933位刀匠列名
青江（Aoe）流派刀匠
備後（Bingo）：565位刀匠列名
三原（Mihara）流派刀匠
美濃（Mino）：1269位刀匠列名
志津兼氏（Shizu Kaneuji），兼元（Kanemoto）
兼定（Kanesada）
越中（Etchu）：256位刀匠列名

鄉義弘（Go Yoshihiro），則重（Norishige）
伊勢（Ise）：57位刀匠列名
村正（Muramasa）
筑前（Chikuzen）：277位刀匠列名
左文字（Samonji）
肥後（Higo）：247位刀匠列名
薩摩（Satsuma）：587位刀匠列名
波平行安（Naminohira Yukiyasu）
石見（Iwami）：270位刀匠列名
直綱（Naotsuna）
伯耆（Hoki）：269位刀匠列名
安綱（Yasutsuna）

新刀時期（公元1600-1700年）

武藏（Musashi）：463位刀匠列名
虎徹（Kotetsu），石堂是一（Ishido Korekazu）
山城（Yamashiro）：295位刀匠列名
國廣（Kunihiro）
攝津（Settsu）：380位刀匠列名
助廣（Sukehiro），忠綱（Tadatsuna），國定（Kunisada）
真改（Shinkai），金道（Kinmichi）
薩摩（Satsuma）：185位刀匠列名
清正（Masakiyo）
肥前（Hizen）：245位刀匠列名
忠吉（Tadayoshi），忠廣（Tadahiro）
陸奧（Mutsu）：299位刀匠列名
國包（Kunikane）

新新刀時期（公元1790-1876年）

武藏（Musashi）：373位刀匠列名
正秀（Masahide），宗次（Munetsugu）
清麿（Kiyomaro）
攝津（Settsu）：295位刀匠列名
月山（Gassan）
陸奧（Mutsu）：295位刀匠列名
兼定（kanesada）
土佐（Tosa）：113位刀匠列名
行秀（Hideyuki）
備前（Bizen）：46位刀匠列名
佑永（Sukenaga）
薩摩（Satsuma）：116位刀匠列名
元平（Motohira）

日本古代令制國

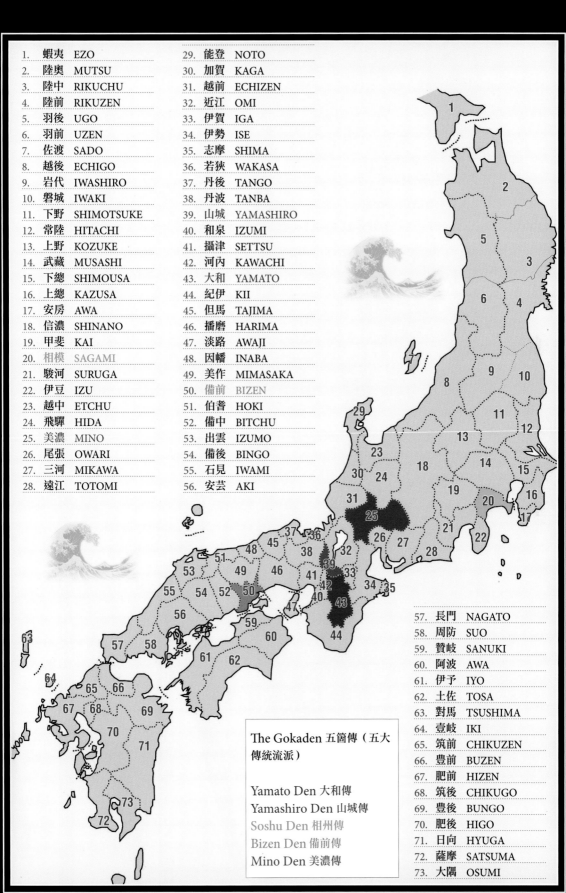

1.	蝦夷	EZO		29.	能登	NOTO
2.	陸奥	MUTSU		30.	加賀	KAGA
3.	陸中	RIKUCHU		31.	越前	ECHIZEN
4.	陸前	RIKUZEN		32.	近江	OMI
5.	羽後	UGO		33.	伊賀	IGA
6.	羽前	UZEN		34.	伊勢	ISE
7.	佐渡	SADO		35.	志摩	SHIMA
8.	越後	ECHIGO		36.	若狭	WAKASA
9.	岩代	IWASHIRO		37.	丹後	TANGO
10.	磐城	IWAKI		38.	丹波	TANBA
11.	下野	SHIMOTSUKE		39.	山城	YAMASHIRO
12.	常陸	HITACHI		40.	和泉	IZUMI
13.	上野	KOZUKE		41.	攝津	SETTSU
14.	武藏	MUSASHI		42.	河内	KAWACHI
15.	下總	SHIMOUSA		43.	大和	YAMATO
16.	上總	KAZUSA		44.	紀伊	KII
17.	安房	AWA		45.	但馬	TAJIMA
18.	信濃	SHINANO		46.	播磨	HARIMA
19.	甲斐	KAI		47.	淡路	AWAJI
20.	相模	SAGAMI		48.	因幡	INABA
21.	駿河	SURUGA		49.	美作	MIMASAKA
22.	伊豆	IZU		50.	備前	BIZEN
23.	越中	ETCHU		51.	伯耆	HOKI
24.	飛驒	HIDA		52.	備中	BITCHU
25.	美濃	MINO		53.	出雲	IZUMO
26.	尾張	OWARI		54.	備後	BINGO
27.	三河	MIKAWA		55.	石見	IWAMI
28.	遠江	TOTOMI		56.	安芸	AKI

The Gokaden 五箇傳（五大傳統流派）

Yamato Den 大和傳
Yamashiro Den 山城傳
Soshu Den 相州傳
Bizen Den 備前傳
Mino Den 美濃傳

57.	長門	NAGATO
58.	周防	SUO
59.	讚岐	SANUKI
60.	阿波	AWA
61.	伊予	IYO
62.	土佐	TOSA
63.	對馬	TSUSHIMA
64.	壹岐	IKI
65.	筑前	CHIKUZEN
66.	豊前	BUZEN
67.	肥前	HIZEN
68.	筑後	CHIKUGO
69.	豊後	BUNGO
70.	肥後	HIGO
71.	日向	HYUGA
72.	薩摩	SATSUMA
73.	大隅	OSUMI

鎌倉時代的日本刀

5. 太刀　銘：國行
鎌倉時代
長度：69.8公分　反：1.5公分

　　這把刀由國行打造，國行在鎌倉時代的山城創立了「來派」（Rai）。刀長69.8公分，落款就在中間固定孔的下方，這是原始的孔。刃文是一連串的互目波紋，清晰的紋路沿著整條刀身分布。刀身兩側都有「彫物」（horimono，雕花），刻的是像劍的直刀。

6. 太刀　銘：吉房
國寶
鎌倉時代初期
長度：73.9公分　反：3.4公分

　　這把刀由吉房打造，他是鎌倉時代初期，備前的福岡一文字派刀匠。這把刀約有800年歷史，但保存狀態幾近完美。刀長73.9公分，有明顯弧度，寬闊的刀莖和刀身，以及令人讚嘆的刃文，在在顯示日本刀至此已完全發展成熟。刃文上有清晰的匂線，還有清晰的丁子與互目波紋沿著整個刀身分布。

7. 太刀　銘：備前國長船住長光作
正安二年二月吉日
重要文化財
鎌倉時代
長度：77.3公分　反：2.6公分

　　這把刀大約在鎌倉中期（13世紀中葉）由長光打造，長光是備前長船派的第二代領導人。刀長77.3公分，弧度適中，外形氣勢十足。刀身下半部是明顯的小丁子刃文，上半部轉成帶有足的直刃刃文。這把刀的刃文和同時期許多較早的作品比起來顯得非常內斂。

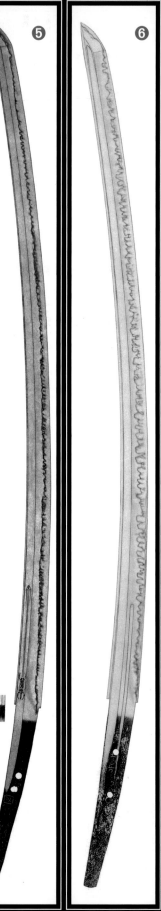
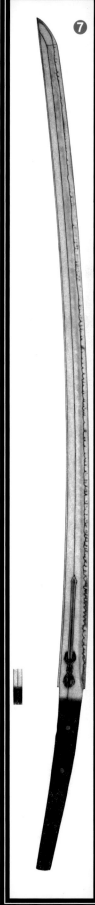

五箇傳的角色

從公元1333年的鐮倉時代末期開始，到整個南北朝時代（公元1331-1392年），日本發展出五大傳統鍛刀流派，分別為備前傳（以現今岡山一帶為中心）、相州傳（鐮倉）、山城傳（京都）、大和傳（奈良）和美濃傳（在現今名古屋附近的關市一帶）。這五大傳統鍛冶流派合稱「五箇傳」，是鐮倉時代末期以及之後的南北朝期間主要的鍛刀中心。五大流派都發展出高效能的實戰刀，而且各有不同的特徵，比方說每一派生產的刀，都有自己特有的刃文、外形、刀身以及其他細節。五箇傳一直到室町時代（公元1336-1573年）初期都維持著深厚的影響力。

五箇傳鞏固了日本刀的技術與設計，今天的日本刀愛好者仍竭盡心力想取得五箇傳的刀。然而現存的日本刀中，只有一小部分是五箇傳的刀匠所作，也只有非常少數稱得上五箇傳作品的典範。

這些刀都是在戰事頻仍的時期生產，由於經常使用，很多的刀都未能保存到現代。室町時代初期可能有超過100位「大名」（daimyo，有自己領地的諸侯），每位大名都支持鍛刀業。因此五箇傳的刀匠分散到全日本，在各個令制國建立自己鍛刀的流派。雖然這些分支有很多都和原本的五箇傳有明顯的相似之處，但後來的刀匠慢慢發展出自己的風格與技巧，賦予作品獨有的特色。

現代收藏家拿到古刀，往往想知道（公元13-16世紀間製造的刀）能否歸入五箇傳的其中某個傳法。儘管現存有五箇傳的刀，但一般人可能見到的古刀，大部分都產於日本其他地區。今天所有的古刀中，或許只有十分之一能明確認定五箇傳的作品。儘管如此，五箇傳的刀仍提供了今天的日本刀鑑定、欣賞與比較的標準。

足利尊氏（Ashikaga Takauji）在公元1336年創立了新的幕府政權。足利幕府就位於京都的室町，與天皇比鄰而居。

戰國時代（Sengogu）大約自公元1467到1600年，這段期間因各大名試圖統一、掌管全國而內戰不斷。大量「足輕」（ashigaru，步兵）投入戰鬥，這些兼職士兵在無戰事時務農，並未接受持刀作戰的訓練。因此，槍（yari）就成為步兵偏好的武器。槍是指固定在長桿上、刀身約15-25公分長的簡單直刀；有些用來固定槍的桿子可達4公尺長。然而，武士也發展出許多使用槍的戰鬥技巧，以及不

製刀相同的技巧來鍛造。

戰國時代初期，許多士兵開始使用「打刀」（uchigatana）。打刀可以單手持用，更適合在建築物或堡壘等封閉空間使用，比起又長又重的太刀，更輕巧又容易上手。打刀長約60-70公分，而傳統太刀可長達1公尺。這兩種刀的佩掛方式也不一樣：太刀是刀刃朝下，刀鞘藉由一條帶子懸掛在腰上。打刀則是刀刃朝上，直接插在腰帶底下。因為打刀的刀鞘就固定在腰帶上，所以可以單手拔刀，而太刀就需要雙手才能拔刀。不過打刀非得比太刀短不可，否則不可能從固定的刀鞘中拔出來。

打刀普及之後，刀匠開始打造在各方面都更小的刀。從這個時期開始，用來收納打刀的簡單黑漆鞘，演變成日本刀的傳統刀裝。

註：對於南北朝與室町時代的確切年代劃分，歷史學者意見分歧。文中所探討的南北朝大部分時間點是落在室町時代內。

這幅江戶時代的畫作，描繪了上杉謙信（Uesug Kenshin，1530-78）與武田信玄（Takeda Singen，1521-73）在公元1561年展開的第四次川中島之戰。注意圖中許多步兵與騎兵都帶著槍（有直刀身的長柄武器）。經岐阜縣瑞浪市中仙道博物館許可後翻印。

南北朝時代的日本刀

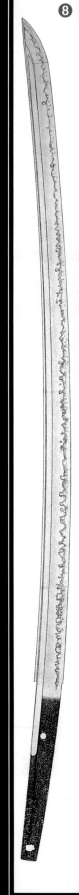
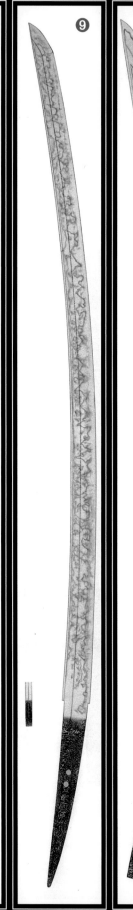

8. 太刀　銘：備州長船秀光　慶安四年十月日

重要文化財

南北朝時代

長度：81.6公分　反：3公分

　　這把由秀光打造的刀，跟南北朝時代其他的刀一樣又大又寬，刀尖也很大。刀身長度81.6公分，刃文上有清楚連續的匂線，帶有互目波紋與足。刀身其中一面有劍形彫物，兩側的鎬地刻有大溝槽。刀莖尾端平直，代表長度曾被稍微截短。

9. 太刀　銘：長谷部國信

重要美術品

南北朝時代

長度：79.4公分　反：3.3公分

　　這把南北朝時代的刀由國信打造，長度79.4公分，刀尖很大。刀莖非常特殊，但最令人讚嘆的是躍動而不規則的刃文。這種刃文叫做「皆燒刃」（hitatsura），刀身上半部表面連同刀刃一起加硬。就這把刀而言，棟的沿線都有類似刃文的表面紋路，並往下延伸到刀刃附近的正常刃文區，代表這些部位的刀身表面也經過加硬。這個流派源自奈良一帶的大和傳，後來遷到京都。

10. 太刀　銘：備前國住長船盛景

重要文化財

南北朝時代

長度：74.2公分　反：2公分

　　這把刀由備前的盛景在南北朝時代所打造，刀長74.2公分，刀尖很大。從刀莖頂部到刀尖的縮窄幅度很小，這是南北朝時代的另一個特色。刀上的刃文有足、互目與丁子波紋，還有清晰連續的匂線。

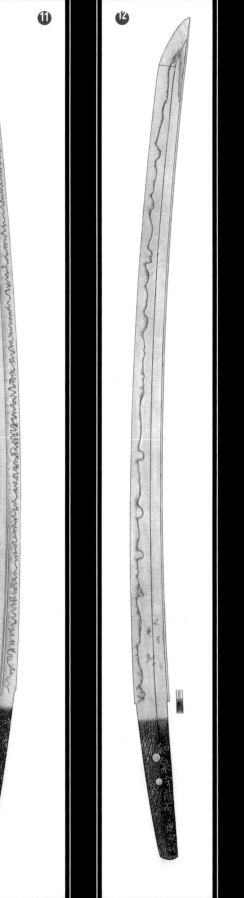

11. 太刀 銘:備州長船康光

應永三十二年三月日
重要文化財
室町時代初期
長度:80.6公分 反:2.1公分

　　這把太刀由康光打造,他在室町時代
的備前製刀。刀長80.6公分,弧度適中。
刃文是活躍的備前風格,有丁子文、互
目、足,以及頂端尖銳的尖互目。刀莖上
的三個孔代表這把刀自鍛造以來被削短過
兩次,其中最低的孔是原有的孔,因為是
從刀莖尾端削短。

12. 太刀 銘:和泉守藤原兼定作

特別重要刀劍
室町時代後期
長度:64.84公分 反:1.8公分

　　這把刀由兼定製作,他的工坊在室町
時代後期的關市。這把刀的完成時間接近
古刀時期末期,有點像新刀時期剛剛發展
出來的風格。刀長64.84公分,弧度相對
小。這把刀的外觀堅固實用,不像之前的
古刀那麼優雅。

新刀與新新刀時期

安土桃山時代

（公元1568-1600年）

安土桃山時代是日本文藝復興時期之一，大量的國外貿易導致富裕的商人階級興起。在這段期間，幕府、天皇和諸侯常以附有貴重裝具的日本刀作為贈禮或獎賞。因此，刀裝變得非常昂貴而精巧。刀匠開始在刀裝具中加入黃金、漆和其他貴重材料，做成鍔、緣、頭、目貫、小刀、小柄以及其他裝飾品。許多耗時又所費不貲的技巧如雕刻、蝕刻、鑲嵌等也更常見。此外，從室町時代末開始一直到安土桃山時代，刀匠常會在比較精巧優雅的作品上落款。

這個時期的打刀一般有兩種類型。第一種是實戰刀，刀裝非常簡單，著重功能性。

第二種刀裝華麗的打刀，帶有奢華的裝飾與金屬配件，通常是作為禮物或專為高階武士所用。

刀的用途與佩刀的風格在室町與安土桃山時代逐步演進，到了江戶時代（公元1603-1867年）初期，佩掛大小對刀已是武士間的慣例。大小對刀包含一把至少60公分的長刀（大），以及一把通常約40-45公分的較短「脇差」（wakizashi）（小）。大小對刀可以有華麗刀裝作為儀式或是正式場合使用，也可以選擇實用的簡易刀裝。只有武士階級可以佩掛大小對刀，但非武士可以單獨佩掛脇差，只要短於60公分即可。商人往往委託工匠為自己的脇差製作精美華麗的刀裝，也讓許多技術精良的工匠能藉此維持生計。

圖為武田耕雲齋（Takeda Kounsai，公元1803-65年）所畫的水心子正秀（Suishinshi Masahide，公元1750-1825年）像。正秀是新新刀時期的開山祖師，為製刀傳統帶來新的關注與熱忱。正秀與門下刀匠以室町與南北朝時期的名刀為範本，他所帶動的這股復興熱潮，一直持續到公元1868年的明治維新為止。

這幅屏風畫（byobu，六連屏）收藏於中仙道博物館，圖中這兩屏描繪的是第四次川中島之戰，上杉謙信與武田信玄於公元1561年兩軍對戰的場景。其他畫屏請見第81頁。此畫作經許可後翻印。

江戶時代（公元1603-1867年）

江戶時代初期，由於日本各國大名需要刀的來源，供應自己雇用的武士，因此成為刀匠的忠實客戶。主要城市如江戶、大阪與京都等吸引了大批技藝精熟的刀匠，這就是新刀時期的開始。這段期間產生了不少重要的刀匠。當時的日本刀書籍用「古刀」這個詞，指稱平安時代早中期到安土桃山時代末期製造的刀，約公元1600年後製造的刀稱為「新刀」。

江戶時代是一段和平的時期，日本已經統一，在德川幕府強大的治理下維持了將近三百年。由於江戶時代初期之後就幾乎沒有戰爭，對刀匠的需求不若以往。因此，自公元1600年代末到1700年代末這將近一百年期間，一般日本刀的品質與設計都走下坡。這時很多刀匠大概連謀生都有困難。

自1700年代末開始，刀匠水心子正秀帶起一股復興傳統日本刀的熱潮。他走遍日本各地研究古刀、作刀和煉鋼的方法，特別專注在鎌倉與南北朝時代的著名古刀。正秀在自己的生涯中也訓練了無數刀匠，或許有數百名之多，使著名的古刀受到全新的關注。這些刀匠努力打造與往昔的古刀一樣優美實用的新刀，造就了新新刀時期的萌芽。

新新刀的目的是要符合實戰的功能與效用，在外形、鋼材與刃文都與之前的日本刀有明顯區別（儘管新新刀是以鎌倉時代的刀為範本），也因此造就出自己的明確風格與特色。這些刀往往刃文狹窄，刀形長而偏直，反映出以古刀作為範本所帶來的影響。

新新刀時期從水心子正秀時代（約公元1780或1790年），持續到1868年德川幕府被廢、天皇復權的明治維新為止。江戶時代末期（約公元1800-1868年）幕末（Bakumatsu）的社會動盪強化了實戰刀的需求，也刺激了日本刀的生產。

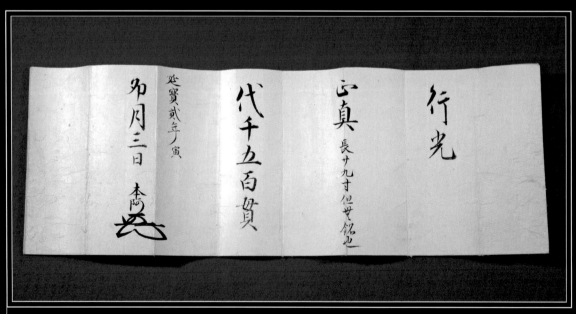

在江戶時代，本阿彌流（Hon'ami）是鑑定折紙唯一的核發者。這些認證是在鑑定後核發，折紙上記載刀匠名字、刀長、價值、鑑定日期和鑑定者名字。圖中折紙認證的是一把由行光（Yukimitsu）打造的刀，行光是相州傳的刀匠，正宗（Masamune）的父親。鑑定者是第十二代的本阿彌古城（Hon'ami Kojo）。

江戶時代早期的日本刀

13. 刀　銘：出羽大掾藤原國路
重要文化財　　　江戶時代初期
長度：70.3公分　反：略超過1.5公分

　　國路製刀年代在古刀末期與新刀初期，他師事新刀初期的優秀刀匠之一堀川國廣（Horikawa Kunihiro）。這把刀約製作於慶長時代（公元1596-1614年），一般公認慶長時代是新刀時期的開始。刀長70.3公分，弧度非常淺，有很大的刀尖；刀莖輪廓清晰且修飾過，刀身看起來粗壯實用。寬闊不規則的刃文由大小不一的互目與丁子文組成。這把刀是新刀時期風格的良好範例。

14. 刀　銘：津田越前守助　廣延寶七年二月日
重要文化財
江戶時代初期　　　　　長度：71.2公分　反：1.5公分

　　這把刀製作於寬文時代（Kanbun，公元1661-72年），充滿動感，刀況極佳，刃文是獨特的浪濤狀。寬文時代的刀以相對筆直的外形為特色。這把刀由津田助廣（Tsuda Suekhiro）製造，工坊位於新刀時期的大阪附近。助廣發明了這種叫做「濤瀾刃」（toranba）的刃文，靈感來自碎浪，這是新刀時期大阪地區日本刀的特色，但也出現在其他地區出產的刀上。

江戶時代末期的日本刀

15. 刀　銘：造大慶直胤（花押）　天保五年仲春
重要美術品
江戶時代後期　　　　　長度：72.4公分　反：2.3公分

　　這是一把由直胤製造的太刀，一般公認直胤是新新刀時期五位最重要的刀匠之一。這把公元1834年鍛造的刀與其他約略同期的刀一樣，都是以較早期的古刀為範本。刀身相當直，長約72.4公分，仍保有原始狀態。刃文狹窄，呈鋸齒狀。

短刀簡史

短刀的形狀與歷史

日本在第二次世界大戰後頒布的《槍刀法》（Ju-to-ho），定義短刀為短於30公分的刀。在這部法令實施以前，很多比30公分長的刀都歸類為短刀。例如「寸延短刀」（sunnobi tanto）就有33-36公分長。

一般來說，「如寸短刀」（josun no tanto）是典型短刀的代表。這些刀的長度大約是24-25公分，不過其中還是有些許差異，要看製作時代和刀匠而定，但在形狀與尺寸上非常相似。「身幅」（mihaba，寬度）通常大約是長度的十分之一，且刀身大多是「無反」（muzori，沒有弧度）。有的如寸短刀有弧度非常輕微的反。

值得注意的是，短刀絕對不會打造成「內反」（uchizori）的形狀，也就是刀背朝刀刃方向彎曲（內反短刀有時候指的是「筍反」，即竹筍的弧度）。早在鎌倉時代的文字記錄中，就有短刀內反的描述，但其實這些刀是「無反」（直刀）。舉例來說，在室町時代末期，粗短的短刀風格很受歡迎，當時常稱這些刀是內反或筍反，但實際上是無反。

短刀的弧度要看棟的表面邊緣與刀身側面銜接的那條線。多年的研磨與耗損會削弱直短刀的這條線，產生內反刀身的外觀。也就是說，棟脊的高度會往刀尖的方向更快速地削減，產生內反的形狀。雖然短刀是筆直的刀身，但看起來卻有反向的弧度。

如今從平安時代遺留下來的短刀並不多，但已足以與鎌倉時代中期的短刀討論與比較。有些出自這段時期的較小型短刀（約20公分長）與若干寸延短刀（約30公分長），依舊保存至今。這些短刀大多是無反，僅少數帶有些微弧度。

南北朝時期有一些典型尺寸的如寸短刀，但也有許多「延文貞治型短刀」（Enbun-joji-gata）。延文貞治型短刀是大且寬的寸延短刀，帶有明顯的弧度，在當時頗受歡迎。室町時代早中期，有仿效南北朝風格的短刀與寸延短刀，刀身較薄且帶有些微的反。自室町時代末期起，上述粗短的短刀以及兩刃短刀（moroha）變得普及。新刀初期開始，刀匠就以自己的風格打造短刀，風格獨特的短刀就不再與任何特定的時代有關。

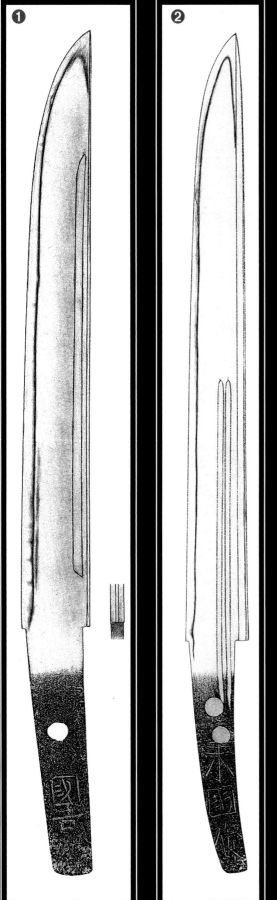

1. 短刀 銘：國吉

重要美術品

鎌倉時代

長度：29公分 反：幾乎沒有

　　這是國吉在鎌倉時代打造的短刀，刀長29公分，形狀筆直，兩側平坦。極為狹窄的刃文有直刃的紋路，有的地方有小足。刀身上有「映」（utsuri），也就是刀身上半部靠近刀背處的隱約暗影，還有一條映線就在刃文上方與刃文平行。有一條大溝槽沿著近乎整個刀身分布，下方隱約有一條小型的附槽。多年來，前前後後的打磨幾乎已讓小型附槽完全消失。整體外觀非常簡單精練。

2. 短刀 銘：來國俊

國寶

鎌倉時代

長度：24.5公分 反：內反

　　這把短刀是鎌倉時代在山城作刀的來國俊打造。刀長24.5公分，狹窄筆直的刃文是簡單的直刃，在近刀尖處彎曲後再往刀莖方向折回，刀刃起始處的上方還有一條小型的互目波紋。刀身其中一側有兩條平行的溝槽，另一側則是單一大型溝槽。連續彎曲的刀莖是「振袖」（furisode）刀莖的一個類型。整把刀的外觀簡單而優雅。

短刀 銘：正宗（名物不動正宗）

重要文化財

德川博物館收藏

鎌倉時代

長度：24.9公分　反：輕微

　　這把短刀由正宗打造，正宗是日本刀歷史上最著名的刀匠之一，屬於鎌倉時代的鎌倉相州傳。這是一把寬且重的短刀，長約25公分。刀身筆直，兩側皆有彫物。一側有兩條平行溝槽，另一側有雕工精細的佛教神祇。刃文以一連串活躍且多變的互目波紋為特色，內含各種細節，還有許多「飛燒」（tobiyaki，強化過的部分）沿著刃文和刃文上方分布。刀莖似乎仍保有原始的尺寸與形狀，往底部縮窄。

4. 脇差 銘：貞宗（名物朱判貞宗）本阿花押

重要文化財

南北朝時代

長度：33.78公分　反：0.6公分

　　這把短刀由貞宗打造，貞宗是南北朝時代鎌倉相州傳的刀匠，一般認為他曾師事正宗。這把大而寬的寸延短刀長度超過33公分，所以也可以稱做脇差。刃文是一系列不規則的圓形或尖狀波紋，內含許多細節。刀身兩側各有兩條大型溝槽，較低的溝槽較長，延伸到較高的溝槽前方。這把刀的棟不是較常見的、形成尖脊的兩面，而是有三面。

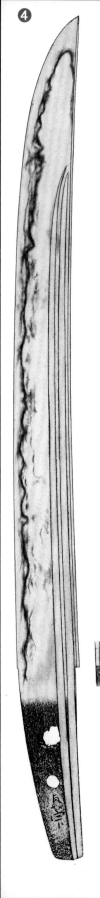

❸　　❹

❺

❻

延文三年十二月日

重要文化財

南北朝時代

長度：33.7公分 反：0.3公分

　　這把短刀為備前的次直製作於南北朝時代。這是一把可以歸類為脇差的寸延（超大型）短刀，長度33.7公分，寬闊的刀身有些微弧度，兩側各有一條大溝槽。刀莖上有四個孔，代表這把刀重新加裝了至少四次，原有的孔看起來是最高的那個孔。刀文寬闊，混合了互目與丁子文，而且所有波紋都微微往同一方向傾斜。刀身上半部也出現大面積的映，映呈現了隱約的暗化效果，覆蓋在刀身下半部大部分的刀文上方。「映」這個詞指的是刀文的反映，往往也似乎與刀文形狀類似。映是刀刃加硬後的產物，因此是在形成刀文的燒入過程中產生。

6. 短刀 **銘：備州長船裕定作**

室町時代

長度：19.05公分 反：無

　　這把公元16世紀的短刀為備州的裕定製作，是室町時代晚期小型短刀的良好範例。這把刀具備了室町時代特有的優雅形狀，雙刃的刀身上有一條鎬線沿著中心位置延伸，在刀身近刀尖處微微往右傾斜。兩側刀文都是不規則的小互目文，似乎是為了相互呼應。不管在哪一個時代，雙刃短刀都不常見。

明治時代（公元1868-1912年）

一般來說，從明治維新（公元1868年）至今所製造的刀，都屬於「現代刀」（gendaito）。

公元1876年，明治天皇的新政府頒布「廢刀令」（hairtorei），禁止人民在公開場合佩刀。這項法令使刀匠難以謀生，最後只有少數的刀匠能夠繼續從事這項工作。此後，傳統日本刀絕大部分的價值僅董在於身為藝術品，而不再是實戰武器。

明治維新期間，新政府開始陸軍與海軍的現代化，傳統日本刀[]現代戰爭的實用武器。雖然軍官[]刀，但是日本人一直設法讓刀[]戰爭環境。公元1886年，日本[]（gunto），這種軍刀的刀裝與[]用的刀非常類似，但有長刀柄[]手，不過刀身則是以傳統方式[]

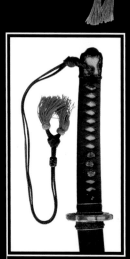

圖為二次大戰期間生產的海軍軍刀的刀裝。刀鞘通常包覆鯊魚皮或魟魚皮，還有兩個吊環可把刀繫在腰帶上或掛鉤上。

陸軍軍官的佩刀。配件與刀鞘呈深褐色，刀鞘包覆一層薄金屬。這種刀裝並不常見，有用來把刀懸掛於腰帶上的雙環與雙繩；這類型的刀通常只有單[]

日俄戰爭期間（1904年[]的一把日本刀的刀裝。[]新刀，以及用現代鋼打[]代刀，往往會使用這類[]刀柄旁寬闊D形刀環是[]

日本刀鍛鍊會的成員、支持者與管理階層合影，1933年創會首日攝於靖國神社。

刀，通常比較短，長度大約是60-65公分。

　　公元1899年，日本開始大量生產刀，供應軍隊使用。然而為了控制成本與時間，這些刀所用的鋼材是由現代煉鋼廠冶煉，並以現代機器鍛造。刃文是用油來焠火，而不是水。這些刀也叫做「村田刀」（Murata-to），是為了紀念建立現代日本軍隊的功臣之一。

　　公元1906年，為了支持傳統日本刀匠，明治天皇任命月山貞一（Gassan Sadakazu）和宮本包則（Miyamoto Kanenori）為「帝室技藝員」（Teishitsu Gigei-in），即皇家御用工匠。政府還推行了另一項措施，就是提名並表彰重要日本刀為國家寶物，以維持大眾對日本刀的興趣與認識。這項措施從1897年開始實施，本來只打算表彰神社或寺廟收藏的日本刀，但1929年擴大了推行範圍，不論擁有者是誰，只要是重要的日本刀就會獲得表彰。

現代（公元1912年迄今）

　　到了1920年代初期，刀匠已經不可能靠作刀維生，只有一小部份的刀匠還在持續從事這項技藝。然而，由於技術與知識尚未佚失，而此時還在製刀的少數刀匠仍師承傳統刀匠，因此在這個階段還是有辦法打造出完全傳統的日本刀。

　　明治時代中葉日本大幅擴軍，日本人覺得軍官還是應該要佩用完全以傳統方式打造的手工刀，為日本刀創造了需求。為了復興製刀工藝，日本成立了好幾個組織，包括「日本刀傳習所」（Nihonto Denshujo）與「日本刀鍛鍊會」（Nihonto Tanren Kai）等。這些組織成立的目標是訓練新的刀匠，擴大傳統日本刀的人才庫，另一個目標則是提供大量的傳統刀，以因應日本陸軍與海軍的需求。此時關市的刀匠非常積極投入日本刀的生產。

靖國神社的日本刀鍛鍊會

　　公元1933年，一群刀匠在東京的靖國神社組成一個日本刀的鍛造協會，稱為「日本刀鍛鍊會」。他們的目的是使用傳

圖為1930年代初，日本刀傳習所創立者栗原彥三郎與刀匠合影。後排刀匠中有義人與莊二的父親將博（Masahiro）、祖父國家以及國家的兄弟國信（Kuniburo）。

統材料、以白分之白的傳統方法打造出日本刀，絕不用電動工具之類的現代工具。

協會要求會員以鎌倉時代（公元1185-1333年）長光（Nagamitsu）打造的刀劍為範本。這些刀的規格訂得非常詳盡，使得日本刀鍛鍊會發展出非常明確的風格，從外形和細節都能辨識。這群「靖國」（Yasukuni）刀匠或許可說是最後一個傳統製刀流派，他們發展出自己獨有的風格，以及高水準的工藝品質。根據記錄，在1933-1945年間，這些刀匠造出了8100把刀，訓練出大約30位刀匠與相關工匠。

日本刀鍛鍊會訓練出來的合格刀匠，都冠以靖國的「靖」字開頭的名號，包括「靖篤」（Yasutoku）、「靖典」（Yasunori）與「靖興」（Yasuoki）等。

二次大戰後關市刀匠合影。

日本刀傳習所

另一個保存日本刀的重要組織「日本刀傳習所」成立於1933年。這個組織也位在東京，創辦人是栗原彥三郎（Hikosaburo Kurihara）。日本國會（眾議院）要求身為議員的栗原採取行動保存日本刀，於是他在東京自宅組織了「日本刀傳習所」，顯然也出資提供經費；任何想學習鍛造日本刀的人都歡迎加入，希望可以利用這個組織訓練出大約一千名刀匠。努力為此奔走的栗原，成了保存日本

刀技藝運動的關鍵人物。他在傳習所訓練了約150名刀匠，之後並開設同樣以訓練刀匠為目的的姐妹組織「日本刀學院」（Nihonto Gakuin）。戰後大部分獲得「人間國寶」稱號的刀匠，都是在傳習所受訓，或是師事某位在傳習所學藝的人，充分顯示栗原成立的這些組織的重要地位。

傳習所剛開設時並沒有學員，栗原就在報紙上打廣告招攬新生。第一位回應廣告進入傳習所學習的人，就是吉原國家（Yoshindo Kuniie），他是吉原義人與吉原莊二（Yoshihara Shoji）的祖父。國家不但是第一位學員，後來還成為日本刀學院創立時的負責人。學員居住在傳習所，也在傳習所製刀。等到學員通過認可，取得刀匠資格，傳習所就會賜予包含了栗原名字中的某個字的名號。傳習所的學員大多以「昭」（aki）開頭的名字落款，如「昭廣」（Akihiro）、「昭友」（Akitomo）、「昭房」（Akifusa）等。

傳習所創立不久，就計畫要在東京推出新刀展，但卻找不到足夠的新刀展出。這時（1934年）日本活躍的傳統刀匠不到50位，但到了公元1942年，刀匠人數已有所成長。在每年刊行的日本最受歡迎現役刀匠名錄中，月山貞光（Sadamitsu Gassan）在公元1942年名列西日本最受歡迎刀匠，而東日本最有影響力的刀匠則是吉原國家。

1942年刀匠的排名與頭銜

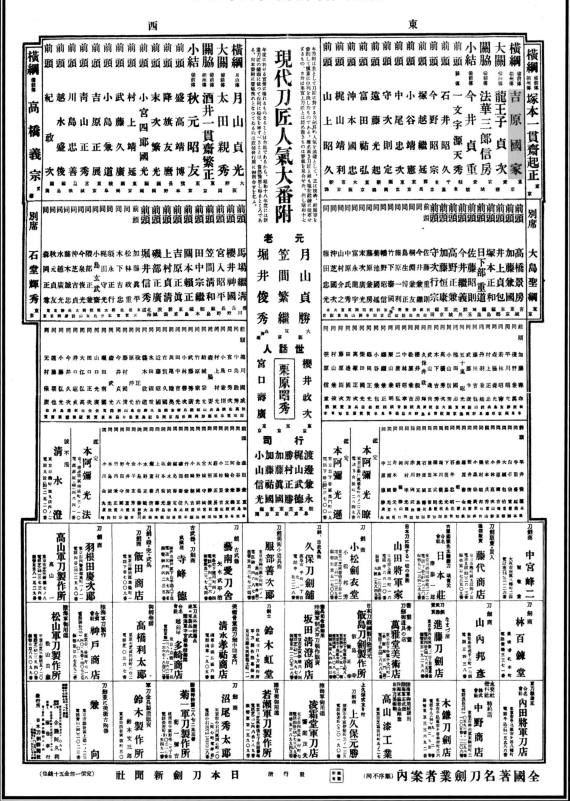

這張1942年的名錄刊載了所有刀匠的排名，可概略得知在二次大戰結束前還有多少從業的刀匠。表的左半部是西日本的刀匠，右半部是東日本的刀匠。東日本（主要是東京區域）排名第一的刀匠是吉原國家，也就是吉原義人與吉原莊二的祖父。表格上顯示他的頭銜是「橫綱」（Yokozuna），意思等同於「超級冠軍」。西日本的橫綱是月山貞光，他在1960年代獲得「人間國寶」的稱號。

關市

關市一直是日本刀生產的中心，持續了約700年之久，屬於五箇傳中的美濃傳分支。有人說江戶時代（公元1603-1867年）日本生產的刀絕大多數出自關市。關市並不大，但是到了明治時代末期，據估計3萬居民中大約有一半是從事與製刀相關的產業。關市有一個名為「關市鍛鍊所」（Seki Tanren Jo）的機構，創立於1907年，由刀匠與其他想要促進與保護傳統製刀技藝的人士組成，這個組織的刀匠獲得岐阜縣政府與其他來源的經費支持。公元1933年，與「傳習所」及東京靖國神社的「日本刀鍛鍊會」成立的目的類似，關市也設立了「日本刀劍鍛鍊所」（Nihon Token Tanren Jo）來訓練新的刀匠。

昭和刀

日本軍隊對日本刀的大量需求造成的主要結果之一，就是昭和刀（Showa-to）的生產。很多在昭和時代（公元1926-1989年）鍛造的日本刀都叫做昭和刀，尤其是從公元1930年代初期開始。這些刀看起來像傳統日本刀，但卻是以現代煉鋼廠的鋼材鍛造而成，並非使用傳統熔煉的玉鋼。雖然昭和刀有傳統日本刀的外形，可能也有刀文或加硬的刀刃，但任何熟悉日本刀的人都知道，這些刀沒有日本刀特有的刀面與表面紋路（地肌）。此外，就算有刃文，品質也和以玉鋼鍛造的傳統日本刀不同。

用現代鋼打造日本刀比用新的玉鋼更宜許多（就人工和材料而言），這些鋼材是取自磨損的鐵軌或廢棄建築物的結構鋼材。由於士兵必須自己出錢買刀，比起以傳統方式鍛造的昂貴現代刀，許多人需要更便宜的替代品。大量出產的戰時昭和

刀往往品質精良，不是對日本刀涉獵剁深的人，通常無法分辨大量生產的昭和刀與傳統鍛造日本刀的差異。然而，這些刀的價差非常大。一把來自靖國日本刀鍛鍊會的高品質日本刀，售價可媲美江戶時代早期某些最優秀刀匠的作品（當時價格約日

本圖列出許多二次大戰時期日本刀上出現的圖章。根據法規，只要不是採用傳統玉鋼，任何以廢鐵或其它鋼材打造的刀，在刀莖上都必須加上某種圖章。這裡列出的圖章常出現在1945年以前為日本軍方人士鍛造的刀上。本圖由理查·富勒（Richard Fuller）彙編。

幣100-125圓）。另一方面，最精良的昭和刀售價大約是日幣60圓，品質較差的昭和刀售價還更低，只要25圓左右。為了讓買家更容易辨認昭和刀，1937年政府決定所有非玉鋼鍛造的刀都必須在刀莖加上圖章，以標明非傳統鍛造的刀。政府也要求昭和刀在公元1940年前，必須完成刀莖上加刻圖章的動作。

關市的日本刀產量是戰時昭和刀生產規模的最佳範例。在1930年代末到1940年代中期，關市每個月約運出1萬8千把刀給日本陸軍與海軍，其中大約1萬7千把是

大量生產的昭和刀，其餘的是以玉鋼鍛造的傳統日本刀。

由於昭和刀屬於大量生產，因此在一般人的認知中，日本在戰時製造的刀劍，品質比不上古時候鍛造的古刀。事實上，戰時以玉鋼鍛造的日本刀做工精湛，在品質上和明治維新前的古刀平齊。

二次大戰後的日本刀

公元1945年二次大戰結束後，日本禁止製造任何武器。此外，接管的國外軍隊開始沒收包括日本刀在內的所有武器。沒收傳統日本刀的行動持續了將近一年，直到美國當局認定傳統刀劍不是現代武器，而是具有文化與藝術價值的物品為止。然而在這段期間，占領軍當局在日本軍械庫收存了相當大量的日本刀，任何軍人都能帶一把刀回家當作紀念品，很多軍人也的確帶了日本刀回到美國與歐洲。因此在1950年代，美國的日本刀數量可能比日本本地來得多。

因為全面禁止製造武器，從1945到1951年沒有任何一把日本刀生產。「日本刀傳習所」的創立人栗原彥三郎開始組織一項計畫，打算鍛造300把新刀，紀念二戰結束及聯合國的成立，而這些刀會獻給世界各國領袖。1952年，日本政府准許彥三郎開始這項計畫，他在一個月內走遍全日本與刀匠會面，請求他們參與。計畫於焉展開，也完成了幾把新刀，但1954年栗原就病逝了。

雖然計畫因栗田逝世而告終，但卻重新促使刀匠以完全傳統的方式鍛造日本刀，因此這項計畫具有非凡的意義。許多刀匠在當時又開始製刀，包括吉原義人的祖父吉原國家等。他們表示若非栗原彥三

吉原義人的祖父吉原國家。

吉原義人的父親吉原將博。

郎籌備了這項計畫，自己根本不可能再回去製刀。吉原義人就在那時候開始與祖父一起製刀，協助他為栗原的計畫打造一把新刀。自此以後，儘管牽涉其中的政治經濟局勢與以往大為不同，但日本又開始恢復了製刀活動。儘管如此，日本之所以到了1952年還做得出日本刀，正是因為所有傳統技術、連同煉製玉鋼的知識和技巧，都從封建時代完好無缺地保存了下來。

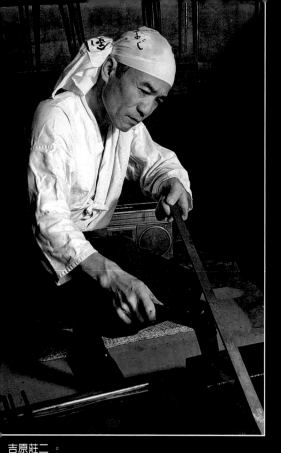

吉原莊二。

雖然日本政府在1953年准許刀匠恢復製刀，但有些限制到現在依然存在，主要的目的是要求刀匠只能打造高品質的傳統日本刀。為了確保這一點，政府限制了每一位刀匠的製刀數量。當局仔細觀察過當時最卓越的刀匠之一宮入行平（Yukihira Miyairi）製刀之後，認定他一個月差不多可以打造兩把刀，因此決定把刀匠每個月的產量限制在兩把長刀或三把較短的刀（如脇差或短刀）。這個規範讓刀匠在戰後的日本足以謀生，又能確保生產品質。

政府得以施行這樣的限制，是因為在二戰結束後通過的槍刀法，這部法令要求所有日本刀都必須向當地警察單位報備登記。如果有任何未經登記的刀被查獲，持有人就會受罰。此外，研師等工匠不得接手任何未登記的日本刀，商販也不得買賣。刀匠打造出一把新刀，就一定要登記。只有領有執照的刀匠可以登記新刀，而刀匠要製造新刀必須獲得政府批准。要取得刀匠執照，新的刀匠必須在合格的刀匠門下擔任五年的學徒，然後在合格刀匠組成的委員會面前，從無到有打造出一把新刀。

這是非常高標準的要求，因此在今天的日本，年輕人要成為一名合格的刀匠並不容易。目前有數百位合格的刀匠，其中有的以全職製刀為生，有的可能一年打造幾把新刀，另外兼做其他種類的鍛造和刀具作為主要收入。

日本美術刀劍保存協會（NBTHK）

日本美術刀劍保存協會的全稱是Nihon Bijutsu Token Hozon Kyokai，通常以NBTHK來稱呼。這個組織成立於二次大戰後不久，目的是支援與傳統日本刀相關的所有事

本刀鑑賞、保存相關的活動，包括日本刀月刊的發行、舉辦例行的日本刀檢視與研究會議、舉辦正式評鑑會議並發行適當的證書以標示品質與產地，以及其他推廣日本刀研究和支持刀匠的活動等。NBTHK的大樓位在東京代代木，裡面有一間刀劍博物館。

NBTHK也舉行名為「新作名刀展」（Sinsaku To Mei To Ten）的年度比賽與展覽。刀匠以自己的新作刀參賽，所有作品都會評分與排名。得分最高的刀會獲獎，賽後所有的參賽作品都會在東京展出。刀匠贏得幾次首獎之後，就會獲頒「無鑑查」（mukansa）的頭銜，也就是「免審查」，從此他的作品不再需要接受審查，直接送交展覽。獲頒「重要無形文化財」（通俗一點來說就是「人間國寶」）的刀匠，就從無鑑查等級的刀匠中選拔。這項年度競賽對年輕刀匠之所以重要，還有另一個原因，只要在比賽中排名高一點，逐漸累積名譽，他們的作品就能訂出更高的價錢。因此對於一個最終要靠製刀為生的年輕刀匠來說，一定要在這些年度比賽中表現優異才行。

踏鞴

日本刀是以「玉鋼」這種極為特殊高碳鋼所打造，而玉鋼是用一種叫做「踏鞴」（tatara）的傳統日本熔煉爐冶煉而成。由於日本刀的品質和屬性，與鍛造時所用的鋼材特性有關，因此玉鋼是傳統日本刀最關鍵的元素。日本刀自古以來，一直是用踏鞴爐來冶煉玉鋼。江戶時代的踏鞴爐以源於15世紀室町時代的設計為基礎，直到20世紀之前，踏鞴爐在日本都還很常見。

到了1945年二次大戰結束前，日本就已經幾乎沒有人使用踏鞴爐，而是以現代的煉鋼技術取代。然而到了1970年代，NBTHK認為必須扶植踏鞴爐，才能生產玉鋼用來打造20世紀的新刀。他們經過探訪，在島根縣橫田市（Yokota, Shimane Prefecture）取得並啓用一座踏鞴爐；這座爐之前一直維持運作，直到二次大戰結束為止，當初建造的目的是要替在靖國神社製刀的日本刀鍛鍊會刀匠提供玉鋼，在1933到1945年間生產玉鋼，但在二戰結束後關閉，一直閒置到這個時候。NBTHK還找到兩位在戰前負責操作這座踏鞴爐的人，阿部喜藏（Yoshinzo Abe）與久村憲治（Kenji Kumura），頒給他們「人間國寶」的頭銜，而這座踏鞴爐也在公元1977年再次開始運作，現在用來打造傳統日本刀的玉鋼大多出自這座爐。

現今刀匠

日本刀的歷史非常悠久，並因應兵器需求改變而持續演進。雖然還是有很多人用日本刀來練習傳統武術，但今天的日本刀主要是藝術品。儘管歷史這麼悠久，但我們今天認識的日本刀核心技術、形狀、特色和特徵，都已在公元12與13世紀的鎌倉時代中到末期臻於完美。雖然從13世紀到1868年封建時代結束這段時間，日本刀仍持續改變，但這些後來的改變不脫鎌倉時代發展出的框架與技術範圍。即使到了今天，刀匠仍努力設法鍛造更精良的刀，他們能汲取知識，利用大量的現代科技、冶金術，以及先進科學對鋼材的理解。然而，任何改變都必須符合古典或傳統日本刀定義的框架。

本書後面的章節要描述踏鞴爐的操作、玉鋼的冶煉，以及吉原義人打造日本刀的過程。吉原義人偏好備前傳的製刀風格，他的作品也明顯反映出這一點。接下來幾頁展示義人最近的幾件作品，以及他的兒子吉原義一，和他的弟弟吉原莊二的作品。

這是吉原義人製作的「寫物」（以現存古刀為範本所打造的一模一樣的新刀）。範本是一把叫做「大包平」（O-Kanehira）的刀，原刀作於公元12世紀平安時代末期。大包平是國寶，保存狀態幾近完美，刀身很長且寬，長約90公分，弧度很深。刀的形狀與形態非常優美，儘管尺寸驚人，握感卻相當平衡而舒適。相較刀身寬度而言，刃文偏窄，主要以互目和丁子波紋組成，帶有許多足。刀莖上不規則的凹口與額外的目釘穴，完全仿造自大包平刀莖上的實際細節。大包平是12世紀、甚至是鎌倉時代開始前日本刀的精湛典範。

這把太刀式的日本刀是吉原義一的作品。刀身寬闊、弧度明顯，還有多變的丁子刃文。這把刀以13世紀的備前刀風格打造。

這把短刀是義人的祖父吉原國家在1940年代初的作品，刀身優雅輕盈。這把刀的刃文是直刃，在國家的作品中比較少見。

這把刀也是吉原義人的寫物作品，仿造收藏在奈良正倉院的一把8世紀名刀。這把直刀的鎬線非常低，就在刀刃上方；刀身上有一連串銀鑲嵌雲紋。作於2009年。

這把大刀是吉原國家的作品，上面有變化多端的互目刃文。國家的落款是流暢的草書體。

這把大刀是吉原義人的弟弟莊二的作品。莊二在自己的作品上以「國家」落款，是吉原家族使用這個名字的第三代。初代「國家」是兩兄弟的祖父，第二代是他們的父親。這把刀的刃文屬於丁子類波紋，有的出現在白色刃文的內部，刀身沿線有一條寬闊筆直的溝槽。

這是吉原義人的太刀作品，為備前風格，刀刃長度超過77公分，有非常清晰且多變的丁子刃文。刀身弧度明顯，丁子文千變萬化，並有一條寬闊的溝槽。

這是吉原義一在2009年製作的太刀，長度78.7公分，有很深的反。整個刀身分布著持續不斷的美麗刃文，且型態良好，完全由規律一致的中、小型丁子文組成，並有長長的足。

吉原義人的短刀作品

內這是一把寸延（大型）短刀，長度33公分，兩側平坦
並帶有些許弧度。刀身上有一條筆直的大溝槽，正下方
還有一條較小的平行添 （附槽）。刃文由傾斜的大型
丁子圖紋組成。寬闊平坦的刀身、弧度、傾斜的刃文等
特徵，很類似室町時期青江派（Aoe）的作品。

內這是一把平造短刀，沒有弧度，刃文筆直，外觀簡單
優雅。刀身上的彫物是梵文字體（bonji），彫物和刀身
皆由吉原義人製作。

這是一把30公分長的片切刃短刀，刀身一側（圖中未
顯示）是平造，另一側如圖所示，鎬線非常靠近刀刃。
刀身筆直，沒有弧度，刃文由簡單規律的半圓形互目文
組成，只出現在圖中鎬線下方的區域。刀身另一側有落
款。這種類型的短刀刀身粗厚，手感也較重。

這把大型短刀長46公分。尺寸、重量與結構良好的刃
文，共同構成這把刀的氣勢。刀面寬闊平坦，帶有些許
弧度，刃文由傾斜的小丁子波紋組成。刀身靠近底部的
地方雕有一隻老虎，刀身與彫物皆由吉原義人製作。

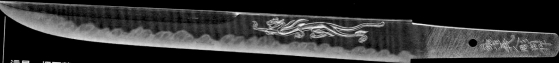

內這種樣式的短刀叫做「恐」（osoraku），最早出現在室町時代。恐造短刀的刀尖延伸範圍超過刀身的50到60%（依採用的樣式而定）。這把短刀給人強烈的視覺印象，刃文是由一致的小互目波紋組成，鎬線上方有兩條平行的溝槽。

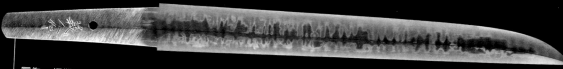

這是一把冠落（kanmuriotoshi）樣式的短刀，長30公分，刀面兩側平坦，刻有一隻老虎，寬闊的斜面自老虎上方一路延伸到刀尖。刃文由結構良好、傾斜的小型丁子與互目波紋組成。

圖為一把雙刃短刀，雙刃在短刀中很少見，兩側刀刃都有刃文。鎬線沿著中心分布，在近刀尖處微彎。刃文由一連串複雜多變、清晰的高丁子紋組成。兩側刃文在鎬線附近匯聚，有些地方如鏡像互相呼應。這種樣式的短刀很搶眼，尤其精采的雙刃文更是引人注目。

這是一把20公分長的小型短刀，刀身為平造，沒有弧度。簡單狹窄的刃文由規律的小互目波紋組成。兩條平行筆直的溝槽沿著刀身下半部分布，朝刀尖那頭雕成圓型收尾。這種樣式優雅的短刀又稱「懷劍」（Kaiken），往往為女性使用。

傳統日本煉鋼法

第三章

玉鋼與踏鞴
傳統日本煉鋼法

這幾幅江戶時代的畫作描繪了戶外踏鞴作業。上面那幅可以看到四座正在運作的「吹子」（fuigo，風箱），替中間的踏鞴爐提供空氣。下面這幅有好幾位「先手」（sakite，助手），正在為刀匠捶打刀條。背景照片的風箱是用來加熱要捶打的鋼。這幾幅畫由木原明（Akira Kihara）收藏，經許可後翻印。

踏鞴爐的歷史與設計

八十致雄博士（Muneo Yaso）

日本島根縣和鋼博物館館長

傳統日本刀獨一無二的要素，就是用來鍛造刀的鋼。這種鋼叫做「玉鋼」，是以稱為「踏鞴」的日式煉爐冶煉而成。用玉鋼煉出來的刀條擁有獨特的屬性，造就出日本刀的本性與特質。玉鋼含碳量高，非常堅韌，在彎曲或變形時不會裂開或折斷，也很容易焊接。

位於山腳下的早期戶外踏鞴法施作模型。與江戶時代相比，這座踏鞴爐的尺寸較小。

由於成分的緣故，玉鋼透過熱處理可以加強刀條的硬度，因此能在刀刃上創造出獨特的刃文。用玉鋼冶煉的刀條經過研磨後，加硬過的刀刃上的所有細節，以及刀身主體的鋼材特色就會顯現出來。

在古老的年代，日本是從中國和朝鮮半島進口鐵原料，結合日本在地人的鍛鐵技術與來自中、韓的影響，發展出自己的熔煉方法，也就是「踏鞴法」，在5或6世紀時製造純鐵和鋼材，日本最早的鋼刀也在此時出現。這套工序運用細沙狀的高級日本鐵礦「砂鐵」以及大量木炭，生產出叫做「和鋼」（wako）的高品質鋼材。幾百年來，踏鞴法不斷演進發展。自室町時代起，鋼材開始能夠大規模生產，工匠得以煉製出大量高品質鋼材，用來鍛造刀劍、木匠用的鑿子、廚房刀具以及其他有刃的工具。從這時一直到19世紀末的明治時代為止，日本各地的踏鞴爐提供了大部分用來鍛刀的玉鋼。

踏鞴法對日本文化和歷史產生了深遠的影響，到現在中國地區（Chugoku，位在本州西部，靠近日本海）仍使用這種方法。用踏鞴爐冶煉而成的和鋼是一種非常有趣而寶貴的材料，以和鋼鍛造的日本刀比用現代鋼材鍛造出來的刀還要精良。本節說明踏鞴法和和鋼的歷史與特色，文中講述的踏鞴爐細節以及運作方式可追溯到江戶時代。

和鋼博物館與日刀保踏鞴

位於島根縣安來市（Yasugi）的和鋼博物館（Wako Museum），是日本唯一以踏鞴為號召的博物館，展示踏鞴法的完整歷史與特性。安來市靠近中國山脈，這片山區在過去很長一段時間有很多踏鞴場。由於此區有一處條件絕佳的港口，安來市自古就以鐵礦輸出港的角色而繁榮興盛。1899年，當地引進運用高爐（blast furnace）的現代製鐵工序取代踏鞴爐，有些踏鞴業者就在安來市建立新的煉鋼公司。此後，安來市就成為知名的「鋼城」。日立金屬株式會社（Hitachi Metals Company）在1946年創立的「和鋼紀念博物館」，是今日和鋼博物館的前身。1993

年和鋼博物館開幕時，從和鋼紀念博物館承繼了不少重要歷史文化財。

如前所述，日本的踏鞴曾在1945年停止運作，然而珍視傳統日本刀與文化的人決心要復興這項技術。日本美術刀劍保存協會（NBTHK）在1977年重新啓用了島根縣橫田的日刀保踏鞴（Nittoho Tatara），開始每年為日本刀匠提供玉鋼，也因此保存了傳統日本文化中一項珍貴的層面。

踏鞴製鐵與煉鋼

根據考古學家的研究，鐵器與生鐵是由中國與朝鮮半島傳入日本。本書第107頁展示了一座位於山腳下的古踏鞴場運作情形。

由於平安與鎌倉時代對武器和工具有大量需求，以踏鞴法熔煉鐵礦的技術也不斷改進。在17世紀江戶時代期間，發展出運用踏鞴法生產鐵礦的先進技術，此後現代踏鞴熔煉法大體上維持不變。

根據文獻紀錄，運用這種方法生產日

江戶時代描繪鐵礦女神「金屋子」（Kanayago）的畫作。經木原明許可後翻印。

本鋼材的場所，有70到80%位於本州島最西邊的中國地區。由於這個區域有大量高品質的木炭與豐富的砂鐵，非常適合踏鞴製鐵。

在江戶時代後半與明治時代初期，儘管以踏鞴法製鐵煉鋼已經達到最先進的階段，但是對鐵的需求也逐漸增加到踏鞴法無法消化的地步。到了1925年，日本的踏鞴製鐵幾乎完全消失。只有靖國踏鞴曾在1930年代晚期暫時恢復，以提供鍛造日本刀的傳統鋼材。二次大戰結束時，運用踏鞴爐製鐵就完全停止。

然而在戰後的年代，傳統日本鋼再次炙手可熱。這最終導致了踏鞴技術的復興與保存，而現在大家也認為踏鞴技術是日本一項重要的文化財產。為了達到這個目的，1977年中國地區的橫田市建立了一座廠區，運用木炭以踏鞴爐煉鋼，廠區就位在日立金屬株式會社的土地上。現今在冬季溼度與溫度較低的時候，會進行二到三輪的踏鞴製鐵與煉鋼，生產出來的鋼材會分配給刀匠，用來鍛造傳統的日本刀。

根據歷史文獻，在公元8世紀的奈良時代，日本鋼材的年產量大約是100公噸；16世紀末的安土桃山時代，年產量估計有1000公噸；江戶時代（1603-1867年）每年1萬公噸，而19世紀末、20世紀初的明治時代，年產量大約是1萬5000公噸。

踏鞴法特徵

不管是鐵還是鋼都能在踏鞴爐中熔煉，直接生產高碳鋼的工序叫做「鉧押」（keraoshi），而銑鐵（zuku，生鐵）則是用「銑押」（zukuoshi）工序製造。古踏鞴法有幾項關鍵特色：首先，這項技術運用大量的鐵砂與木炭。熔爐是一個用黏土建造的矩形箱子，配合複雜的地下結構

以避免熱輻射與產氣吸收。此外，還有一個關鍵點是熔煉砂鐵時產生的熔渣，是因黏土爐壁的劣化與氧化而生成。

製鐵的原料

鐵砂

　　一般來說，中國地區製鐵使用的原料是鐵砂。這種原料由風化的花崗岩組成，含有58%的鐵、非常少量的鈦和其他雜質。中國地區的鐵砂品質比日本其他地區優良。古時候鐵砂是以鑿洞與挖掘山區土壤的方式開采，後來為了提高生產率，就改為以人工挖掉整片山坡以開採鐵砂。開採出來的混和物含有泥土和沙，再運送到水道或運河中沖洗。這種方法利用重力來分離鐵砂與土壤中的其他物質，較重的鐵砂會比其他物質更快沉澱在水道底部。以這種方式開採的鐵砂大多供應中國山區的踏鞴爐，有些則會送去鋼材的集散地安來市。

　　鐵砂有兩種：真砂（masa）與赤目砂（akome）。真砂顆粒較大，容易和其

藉由沖洗來分離砂鐵與其他材料的水道。

他混雜物質分離。本章介紹的鉧押法，就是用真砂來熔煉高碳鋼。赤目砂比較細，難以和其他物質分離，用來生產銑鐵的銑押法用的就是赤目砂。表一為真砂、赤目砂、河鐵砂與海濱鐵砂的化學成分。請注意如鈦或其他元素等雜質，在真砂中的含量特別低。

木炭

　　傳統木炭經過製備，保存了木材的形態和形狀。木炭質地脆弱，受到敲擊會碎裂。以踏鞴法製鐵時，使用的是切割成大

砂鐵。

總含鐵量	赤鐵礦 (三氧化二鐵)	氧化亞鐵	二氧化矽	氧化鋁	二氧化鈦	磷	硫

塊的木炭，而鐵匠或刀匠所用的則是比較小塊的木炭。對於只是用來產生熱能的小塊木炭來說，通常木炭來自何種樹木並不重要，然而這一點在踏鞴法中很重要。

踏鞴用的木炭，是由專業工匠運用特別挑選的樹木，在固定的場所中製成，以確保鐵的生產品質和數量恰到好處。用來製造踏鞴用木炭的樹一般直徑為15-20公分，平均樹齡30到40年。據估計，每跑一輪踏鞴生產一塊「鉧」（kera，粗鋼），需要13到15公噸的木炭，而要製造這麼多的木炭，需要至少1公頃面積的森林。如果踏鞴爐一年運作60輪，每年就需要60公頃的樹木來供應踏鞴爐的運作。因此很明顯地，要持

續進行踏鞴製鐵需要大面積的森林，若以30到40年計算，所需的森林總面積會達1800到2400公頃。島根縣繁茂的森林加上當地季風的天氣形態，有利於樹木快速生長，也因此成為踏鞴製鐵的理想地點。

用來生產踏鞴爐木炭的炭窯。

不同的地方生產踏鞴用木炭的技術也不一樣，然而每一種技術的主要目標，都是要在熔煉過程中產生溫度較低的還原焰。研究顯示松樹、栗樹和櫟樹是最適合製作踏鞴用木炭的原料。日本香柏（Japanese cedar）也可以，但效果不及松樹和櫟樹，櫻桃樹與角木則不適合用來熔煉。踏鞴爐運作時，松樹和栗樹燃燒非常快速，因此會快速升高踏鞴爐的溫度，但只能燃燒很短的時間。只有在短時間內需要高溫時，才會使用這幾種木炭。

如果用掃瞄式電子顯微鏡（SEM）來觀察木炭的橫切面，就會看到如同左圖的蜂窩狀結構。松木炭的毛孔直徑比櫟木炭大，而櫟木炭的細胞壁比松木炭厚。由於氧氣比較容易穿過較大的毛孔，使用松木炭時會更快速燃燒，立即就能在踏鞴爐內製造高溫。相反地，櫟木炭的結構會導致燃燒速度降低，以固定的溫度維持較久的燃燒時間。一旦踏鞴爐已經進入工作溫度，就會使用櫟木炭。

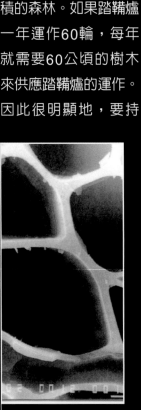

紅松木炭（左）與櫟木炭（右）的掃瞄式電子顯微鏡橫切面圖。

踏鞴爐的建造與運作

踏鞴爐的建造

早期版本的踏鞴爐是建在山腳下的小型垂直熔爐，叫做「野踏鞴」（no-tatara）。由於是露天營運，只要下雨就會延緩或停止熔煉進度。在需要大量武器的內戰時期，新式的「永代踏鞴」（eidai tatara）取代了露天運作的踏鞴爐。這種在室町時代發展出來的熔爐，可以讓熔煉過程不受天氣和雨水侵擾，因此能以較大的規模持續製鐵。永代踏鞴是在邊長約18公尺的正方形建築物中操作，這種建築物很簡單，以栗木為屋頂，有存放鐵砂、黏土、木炭等原料的儲存區。

踏鞴爐能否順利運作，與爐的建造方式有關；成功的運作取決於燒窯的種類、所用的黏土類型，以及「村下」（murage，主管踏鞴爐的建造與運作的踏鞴師）的技巧。如何選擇燒窯所用的黏土，以及踏鞴運作過程中真砂與木炭的使用比例，都是踏鞴爐操作者絕不外傳的祕密。至今這項重要的資訊在任何歷史文獻中都遍尋不著。

踏鞴爐複雜的地下結構大約有3到4公尺深、5到6公尺寬、4到5公尺長。最下層建造一條排水管，排水管的上方區域是把圓石、扁礫和乾燥的黏土全部壓實在一起的一層材料。此外，還有兩條開放的管道用來燃燒木柴，目的是在熔煉程序開始前使周遭的黏土與土壤徹底乾燥。管道中的木柴燃燒時，就會把踏鞴爐區域底部的灰燼燒乾淨。接著，把木柴堆放在踏鞴爐中燃燒，燒成木炭後壓碎，反覆進行這個過程就會形成一層碳床。

此時在碳床上就搭成了一座矩形的踏鞴爐。這個結構約3公尺長、1.3公尺寬、1.2公尺高，爐底部是斜的，以便讓熔融物質流出。把木柴放進爐內堆起來，燃燒一天，以確保熔爐完全乾燥。要打造這樣一座地下踏鞴爐結構大概要花上100天與300個工時。過程中要燃燒約10公噸的木柴才能使踏鞴爐完全乾燥。第114頁為踏鞴爐的地下結構圖與運作時的外觀。

稱為「高殿」（takadono）的踏鞴建築模型。島根縣和鋼博物館展示品。

建造煉爐是非常重要的程序。踏鞴運作成功與否取決於熔爐的結構與設計、用來建造的黏土，以及「村下」（踏鞴師）。踏鞴爐的建造與適當黏土的選用，皆仰賴村下的知識與經驗。

木柴燃燒完畢後，用木棍夯打燃燒過的木頭及地面約40分鐘，創造出一個乾燥平坦的表面，作為熔爐的基底。踏鞴爐運作時，地面溫度會急劇攀升到可看見蒸氣的地步。

製作「元斧」（motogama，底牆），上面有三個洞，可讓熔渣在踏鞴爐運作時流出。

工匠立起20公分高的黏土牆，並修掉多餘的黏土。

踏鞴爐的作業

村下會監管整個熔煉程序，徹夜不眠地觀察踏鞴爐的運作，控制爐內的火候，爐溫可達約攝氏1500度。他也會控制流入燃燒室的空氣，藉由踏鞴爐側面的一排小洞來監控爐內的情況。村下要是花太長時間透過觀察孔查看火熔與爐內的進展，會導致視力惡化；以前的村下常會失明。古時候如果村下操爐幾次之後仍無法成功，就會被這座踏鞴的業主「鐵師」（tesshi）辭退。

踏鞴製鐵的程序從約清晨5點開始，在熔爐中堆好木炭，點燃，一個小時後，由村下與他的助手把鐵砂鋪在木炭上。踏鞴工序分為四個階段，與熔煉的條件對應。在70個鐘頭不間斷的熔煉過程中，每隔30分鐘會加入將近70公斤的鐵砂與85公斤的木炭，隨著作業持續進行，每一階段添加的鐵砂與木炭量會提高，而添加的時間間隔會逐漸從30分鐘縮短成10分鐘，因為熔煉的效率會隨著時間而提高。在踏鞴爐運作的三個晝夜期間，會添加鐵砂與木炭140次。

隨著熔煉作業持續進行，有了木炭作為還原劑，會發生下表二的化學反應。下表三為踏鞴作業所需的時間。當爐內的空氣量很少的時候，一氧化碳量就會增加。等到累積了大量的二氧化碳，氧化鐵就無法還原成鐵。下表二的第三項化學反應中，鐵會開始滲碳，直到含碳量達原料的1.0到1.5%為止，此時鐵和碳會形成一種固溶體，也就是鋼。

用傳統踩踏的方式要往踏鞴爐內持續吹送氣流，是一件非常困難的事。在江戶時代（1688-1703年）的元祿年間，發明了一項革命性的器具，叫做「天秤鞴」（tenbin fuigo，平衡風箱），從此所需人力大幅降低，明顯改善了踏鞴爐的運作效率。

在70小時的作業期結束之後，工人會拆毀踏鞴爐，從爐中拉出炙熱的「鉧」（粗鋼塊），放在空氣或水中冷卻。熔爐底部形成的生鐵與鋼塊大約是25公分厚，重約2500公斤。由於原本添入熔爐的鐵砂將近1萬3000公斤，因此鉧約含有原本鐵砂的19%，此外有鋼、生鐵與熔渣（參見第118頁下方的鉧成分分析圖）。如前所述，以踏鞴法製成的鋼叫做「和鋼」（wako），「和」指的是日本，因此「和鋼」就是日本鋼。

間接反應	直接反應
$Fe_3O_4 + CO \rightarrow 3FeO + CO_2$ 還原	$Fe_3O_4 + C \rightarrow 3FeO + CO$ 還原
$FeO + CO \rightarrow Fe + CO_2$ 還原	$FeO + CO \rightarrow Fe + CO$ 還原
$Fe + 2CO \rightarrow Fe\text{-}C + CO$ 滲碳	$Fe + C \rightarrow Fe\text{-}C$ 滲碳

表二：踏鞴爐內的化學反應。

步驟	程序	所需時間（小時）	細節
第一	籠期（komori ki）	7.5	溫度提高，產出熔渣
第二	籠次期（komoritsu-gi ki）	7.5	溫度大幅提高，加速鐵砂的還原反應
第三	上期（Nobori ki）	18	成核現象與鉧鋼生成
第四	下期（kudari ki）	36	進一步生成鉧鋼
總計		69	

表三：踏鞴爐作業程序。

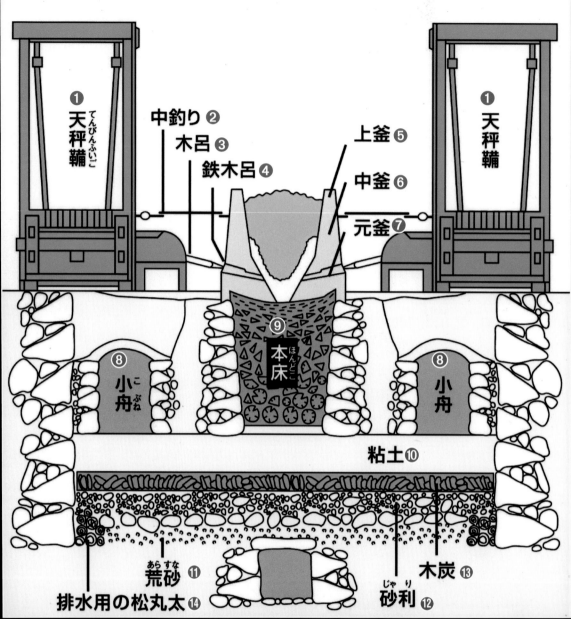

① 天秤鞴
　てんびんふいご

中釣り ②

木呂 ③

鉄木呂 ④

上釜 ⑤

中釜 ⑥

元釜 ⑦

⑨ 本床
　ほんどこ

⑧ 小舟
　こぶね

⑧ 小舟

粘土 ⑩

荒砂 ⑪
あらすな

排水用の松丸太 ⑭

砂利 ⑫
じゃり

木炭 ⑬

踏鞴爐的結構。

1. TENBIN FUIGO 天秤鞴

2. NAKATSURI 中間平衡物

3. KIRO 通風管

4. TETSUKIRO 熔爐

5. UWAGAMA 上牆

6. CHUGAMA 中牆

7. MOTOGAMA 底牆

8. KOBUNE 風路

9. HONDOKO 木炭床

10. NENDO 黏土基底

11. ARASUNA 粗沙

12. JARI 砂礫

13. MOKUTAN 木炭

14. HAISUI-YO MATSUMARUTA 松木排水道

村下把一根長棍插入牆中製作觀察孔。

完工的熔爐再用鋼帶強化，有助於熔爐在熔煉過程中維持形狀。

把「鞴」（風箱）上的竹管穿過牆壁，這些管子的功用是把空氣從風箱導入熔爐。

踏鞴爐開始運作。爐邊的工人正在查看通風管是否暢通，
以確保發揮功效。

踏鞴爐運作時，會定期往爐內填滿新鮮的木炭，新的鐵砂

運作中的踏鞴爐。爐裡會交替添加木炭與鐵砂，這項作業會持續到一定數量的木炭與鐵砂加工完為止。熔渣，也就是融化溫度比鐵和鋼低的雜質，融化後會從踏鞴爐底部的熔渣孔流出。圖中冒出火焰的地方就是熔渣孔。

玉鋼

玉鋼的等級

在江戶時代是用重物來砸，把「鉧」砸成好幾塊，現今則是用動力鎚。這些鉧塊會送到另一個鍛造場，打成更小的碎塊。最後經過人工鎚打，挑選出拳頭般大小的玉鋼塊，藉由觀察裂面的亮度、色澤與孔隙度來分等級。第119頁圖即為玉鋼塊。

品質良好的鋼含碳量約1.0-1.5%，且鈦、磷、硫、矽、錳、鎳、銅等雜質的成分要很低。含碳量超過1.7%的鋼就叫做「生鐵」。玉鋼的含碳量對日本刀的鍛造來說至關緊要。如果鋼的含碳量低於1%，就不可能鍛造出好刀，因為這種鋼經過鍛造與熱處理之後缺乏適當的硬度。此外，刀的韌性與強度也會因為上述任一元素的汙染而受損。

右頁表四為三種等級的玉鋼化學成分。就算有雜質，比例也相當低。第一級的玉鋼含碳量適合作為鍛造日本刀的原料。第二級就沒那麼優良，第三級的玉鋼品質最低。

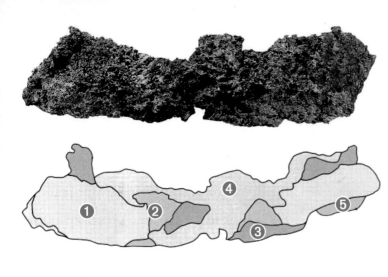

玉鋼的成分並非均質，也就是說其中碳的分布並不一致。玉鋼塊的不同部分性質也不相同，取決於各自的含碳量。玉鋼打成碎塊後，會根據性質來區分等級。使用玉鋼的刀匠與其他工匠，可取用含碳量不同的部位截長補短。

上圖為鉧的照片，下方的成分分析圖以顏色顯示各個部位。不同種類的鋼適合不同的用途，說明如下：

1. **黃色區塊**：這些部分屬於玉鋼，含碳量0.5到1.2%，可以直接用來鍛造日本刀。
2. **粉紅色區塊**：稱為「大割下」（owarishita）。這部分的含碳量為0.2到1.0%。
3. **藍色區塊**：這些是鐵匠會使用的部分，叫做hobo，是玉鋼和鐵的混合物。
4. **灰色區塊**：這些部分叫做「鐵滓」（noro），含有熔渣，也就是混合了其他元素和木炭塊的鋼和鐵，沒有用途。
5. **綠色區塊**：這些部分叫做「銑」，也就是生鐵，含碳量超過1.7%。

和鋼與玉鋼的特性

　　高品質的日本鋼（和鋼）是利用木炭作為還原劑，從真砂煉製而來。和鋼的玉鋼碎塊擁有某些吸引人的特性。例如玉鋼的鍛造性非常優越，不需助焊劑就能鍛造與熔接。而且由於幾乎不含雜質，鋼的質也非常堅韌，即使在高溫下經過長時間反覆鍛造也不易斷裂。經過適當的熱處理，就能打造出高品質的硬鋼。用這種鋼條鍛造出來的刀，可以輕易透過粗磨塑形，細研磨的效果也非常好。刀刃會非常堅硬鋒利，刀身外觀也特別優美。

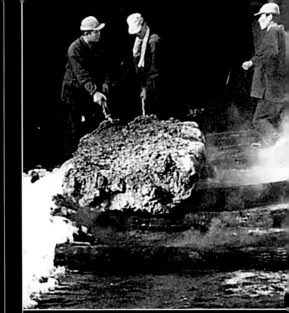

工人利用一排原木，把剛煉好的鉧從踏鞴中移出。

從鉧中取得的玉鋼塊。

	碳	矽	錳	磷	硫	鈦	鎳	銅

作刀：日本刀的鍛造

第四章

作刀
日本刀的鍛造

吉原義人工坊內一景，到處布滿了灰燼和木炭灰。工坊保持陰暗，在鍛造過程中才能準確觀察刀條的顏色。

木炭必須用人工切成適當的大小，用來鍛造刀刃和進行熱處理。切木炭的任務通常交給最資淺的學生，每週數次，才能使爐中木炭供應不中斷。由吉原義人學生的打扮可以看出，這是個灰屑飛揚、會弄得滿身髒污的工作。切好的木炭裝在下方的籃子裡。

工具與準備

現代刀匠使用的工具與工法，和過去沒有很大的差異。製刀時使用炭火、傳統的鞴（風箱）、傳統日式鐵鎚、鉋刀等等工具。122-123頁是鍛造工坊典型的簡單設備。只要是有在運作的工坊，所有東西的表面都會布滿灰燼和木炭灰，因此看過去幾乎都是灰、黑色。

切好的木炭堆在鏟子裡，待需要時加進爐中。

木炭

不同步驟會需要不同種類、大小的木炭。較大塊的木炭用於鍛造，細小的木炭則用於燒入（yaki-ire）。木炭塊的大小一致，才能產生溫度均勻的高溫火焰，因此會用小刀或剁刀把木炭切成適當大小。這項工作通常由年輕學生負責。切好的木炭要篩過，除去粉炭和小碎塊。

鍛造用的木炭是以松木製成，有幾個原因。第一，松炭的磷和硫含量很低。這兩種元素如果從任何來源進入刀條中，可能讓刀條變脆，在折返鍛鍊的過程很難鍛接在一起。此外，松炭軟而輕，這一點對於燒入的步驟很重要，燒入是在刀身敷上薄薄一層燒刃土，處理後形成刃文。如果木炭太硬，加熱時刀身在木炭上挪動，會破壞燒刃土。燒刃土上的任何擦痕或破洞，都會影響最後的刃文，甚至毀壞刃文。

木炭用類似竹刀的工具切小。圖中吉原義人的學生準備把剛鋸到的木炭條切成均一的小塊。

風箱

下圖的風箱是刀匠的重要工具。假如刀匠操作不利，風箱產生的熱足以熔化刀條。爐的風箱構造，和製造玉鋼的「踏鞴」（tatara）使用的大型風箱相同。考古證據顯示，這種風箱設計在中國已有2000年以上的歷史，可能在4-6世紀間和製刀技術一起傳入日本。

這種雙動式風箱比較簡單，不過非常有效率。基本上是個矩型的箱子，橫切面是長方形，內部有個密合的長方形活塞；活塞沿著風箱前後移動。活塞和風箱壁之間藉由毛皮密封。活塞推拉時，會把空氣打進爐中，因此可以很有效率地控制火焰。如果需要大量空氣，就使用更寬的風箱。

工具

傳統製刀的主要工具有各式鐵鎚、鉋刀和銼刀。這些工具的設計經過1000年的發展，到了現代已經沒什麼改變；在訓練有素的工匠手裡，使用起來非常稱手而有效。刀匠鎚打、加熱金屬時，也用不同種的鉗來夾玉鋼或刀條。

製刀用的鐵鎚。

風箱內部，只有一個活塞。使用時推拉活塞，打出空氣。活塞包著毛皮，能使活塞和風箱內壁密合。

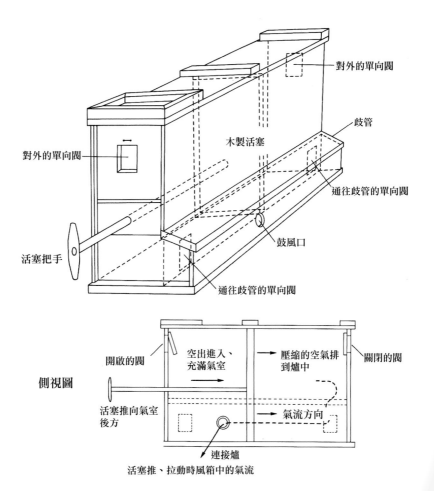

對外的單向閥

對外的單向閥

木製活塞

歧管

通往歧管的單向閥

活塞把手

鼓風口

通往歧管的單向閥

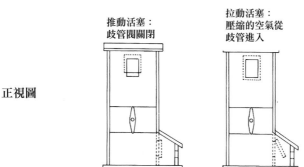

側視圖

開啟的閥

空出進入、充滿氣室

壓縮的空氣排到爐中

關閉的閥

活塞推向氣室後方

氣流方向

連接爐

活塞推、拉動時風箱中的氣流

推動活塞：
歧管閥關閉

拉動活塞：
壓縮的空氣從
歧管進入

正視圖

鞴（風箱）的構造

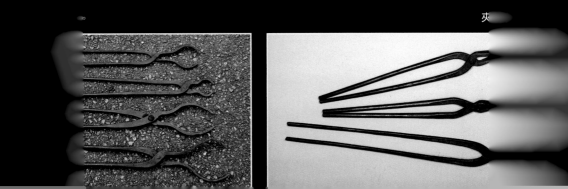

夾

❶ TAMAHAGANE 玉鋼（玉鋼）：最初的玉鋼塊。

❷ HESHITETSU 減鐵（へし鋼）：把玉鋼鎚打扁平。

❸ KOWARI 小割（小割り）：扁平的玉鋼敲成小碎塊。

❹ TSUMIWAKASHI-DAI ZUKURI 製作積沸臺（積沸し台造り）：鍛造出長方型的玉鋼板。

❺ TEKO-DAI ZUKURI 製作梃臺（テコ台造り）：把一根柄（梃）鍛接到玉鋼板上。

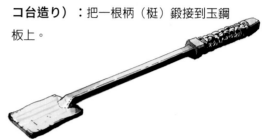

❻ TSUMIWAKASHI 積沸（積沸かし）：把碎鋼塊放上燒臺。

❼ ORIKAESHI-TANREN 折返鍛鍊（折返し鍛鍊）：把燒臺和上面疊的玉鋼塊鍛造成鋼胚，重複鎚開、折疊。

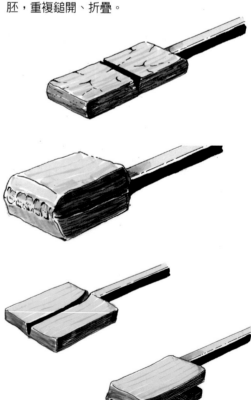

❽ FINISHING THE ORIKAESHI-TANREN STAGE

折返鍛鍊結束（折返し鍛鍊終了）：前期和後期的折疊狀態。注意到前期的折返鍛鍊過程中，延展部位的表面有顆粒、不規則。折返鍛鍊後期，鋼被鎚開延展時，表面仍然平滑而延續，沒有裂縫或不規則的情形。

❾ KAWAGANE ZUKURI **製作皮鐵（皮鉄造り）**：鍛造成U型的長條，作為外層的皮鐵。

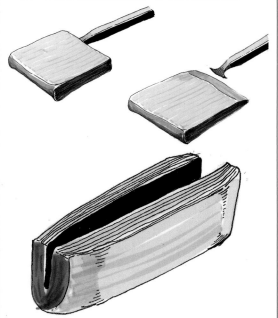

❿ SHINGANE ZUKURI **製作心鐵（心鉄造り）**：心鐵（較軟的鋼芯）鍛造成狹窄的棒狀，用來置入U型的皮鐵中。

⓫ TSUKURIKOMI **造込（作り込み）**：把心鐵嵌入皮鐵中。

⓬ WAKASHI-NOBE **沸延（沸し延べ）**：得到的複合鋼鍛造成製刀的鋼條。先端切掉，形成刀尖。

⓭ SUNOBE **素延（素延べ）（前期）**：某些鍛造法製造的刀，心鐵的鋼芯會延伸到刀條的尖端。由於刀尖只能用堅硬的皮鐵製作，因此會把鋼條末端以特定的角度切掉，除去柔軟的心鐵。末端剩下的堅硬鋼材再經鍛造，形成完全由皮鐵構成的刀尖。

⓮ SUNOBE **素延（素延べ）（後期）**：做出刀尖之後，即完成素延的步驟。

⓯ HIZUKURI **火造（火造り）**：這階段是把素延後的刀條打造成形。鎚打刀條，打造出刀刃、刀面、刀尖、鎬和刀莖。

以鍛爐製作玉鋼

如前面章節所說，今日使用的玉鋼大多來自日本島根縣的傳統踏鞴。不過刀匠也可以重複利用古鐵和鋼，用自己的鍛爐少量製作自己的玉鋼來實驗。日本最早期的刀匠使用的鋼，很可能大多是自己少量製造的。直到14或15世紀之後，日本才有專門的工匠大規模生產玉鋼。

吉原義人用他的鍛爐，在工坊中花半天到一天就能生產出足夠鍛造一把刀的玉鋼。材料可能是純鐵（用電解法精製），或是用過去400年間以玉鋼製成的古鐵。古鐵通常在是在神社、寺廟或老屋拆除時保留下來的。

電解法製成的現代純鐵。

現代的電解鐵完全沒有其他元素汙染，做成大型鐵條或鐵棒，必須先鍛造成薄片、敲碎成小塊才能使用。回收的古鐵通常是小鐵釘、鐵架和建築中的其他小型結構元件。大塊的回收鐵必須切成小塊，才能拿來製造玉鋼。

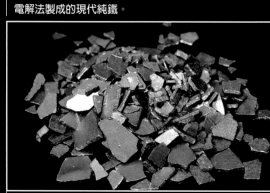

電解鐵鎚打成薄片，切成小塊，用於製鋼。

準備好製造玉鋼的材料之後，就開始布置爐，當作小型的踏鞴爐來使用。風箱的空氣從鼓風口進入爐中，要在鼓風口兩側各堆起一道木炭灰。爐內清理乾淨，鼓風口周圍和下方淨空，讓氣流進入爐內的通道保持通暢。木炭灰有隔熱作用，保存爐心的熱度，產生均一的高溫，把鐵煉成玉鋼。

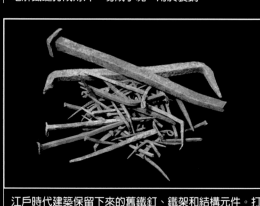

江戶時代建築保留下來的舊鐵釘、鐵架和結構元件。打造玉鋼必須使用小塊的鐵。

接下來，把較大塊的木炭堆在爐心，堆到兩側木炭灰堆的高度。點燃木炭之後，風箱湧入的空氣助長火勢，加熱將鍛爐加溫。加入更多木炭，直到木炭堆到兩側木炭灰堆的高度。爐溫夠高之後，刀匠會把一些鐵塊放在鏟子上，鋪到爐心的木炭上。鍛爐繼續運作，直到上層的木

爐心。可以看到兩側的木炭灰堆和鼓風口。

用木炭加熱鍛爐。

吉原義人把回收來的古鐵鋪到木炭上。

保存的鐵塊準備放進爐中。

吉原義人傾聽鍛爐的聲音，判斷煉鋼結束的時機。

炭燒到比木炭灰堆矮3-4公分。接著加入更多木炭，再次把木炭堆到兩側的灰堆之上，上方再次鋪上鐵，讓鍛爐繼續運作，直到木炭的高度再次變低。

　　這個過程繼續重複，加入鐵和木炭，直到爐中大約加入3公斤的鐵。受限於鍛爐的大小，要產生品質良好的玉鋼，加入爐中的鐵不能超過3公斤。爐中加入適量的材料之後，刀匠會繼續操作風箱，直到大部分的木炭燒完，刀匠判斷該停止為止。判斷的依據是爐中木炭和鋼發出的聲響；聲音對了，刀匠就中止這個程序。煉鋼爐停止運轉，開始冷卻。這時的玉鋼塊位在爐底鼓風口下方的位置。

　　煉鋼過程中，鐵和氧化鐵會還原成純鐵，與木炭中的碳結合而形成鋼，其中最優質的會拿來製刀。這程序很有效率──3公斤的鐵原料可以製成大約2-2.5公斤的玉鋼。

　　刀匠藉著在爐中煉鋼來實驗自己的鋼，或是小量生產客製化的鋼來製刀。附圖中的程序中，吉原義人將江戶時代建築保存下來的古鋼和古鐵混合等量的純電解鐵。吉原義人會用煉出來的鋼打造一把新刀，看看刃文和地鐵的表現，依據結果來調整之後的煉鋼和製刀手法。

玉鋼備妥之後，刀匠就能開始製刀。第一步是在爐中加熱一塊玉鋼，直到玉鋼呈黃色。接著把這塊玉鋼鎚打成大約0.75公分厚的平板，然後敲碎成小塊，仔細檢查斷面。刀匠依據玉鋼的顏色和外觀，判斷哪些碎塊的性質符合他需要的鋼材類型。品質最佳的碎塊，碳含量高，會用作皮鐵（刀外層較堅硬的部分，包括刃文）。心鐵（刀內部的鋼芯）則選擇碳含量較低的玉鋼，製成較柔軟的鋼。

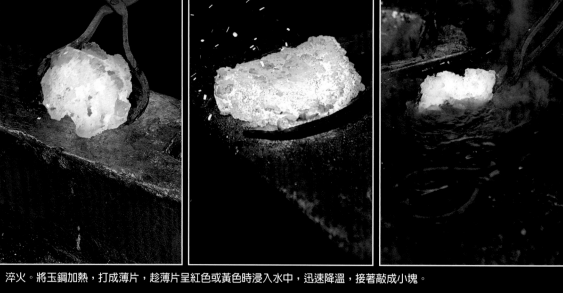

淬火。將玉鋼加熱，打成薄片，趁薄片呈紅色或黃色時浸入水中，迅速降溫，接著敲成小塊。

用鐵鎚把玉鋼片敲成小塊。

吉原義人正在檢視、評估一塊玉鋼。

準備梃（鋼柄）和玉鋼板，之後會把鋼柄鍛接到玉鋼板上。

梃和鋼板分別加熱（玉鋼之後要疊在鋼板上）。

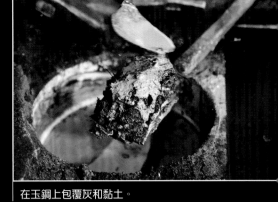

在玉鋼上包覆灰和黏土。

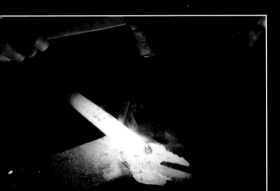

趁梃和鋼板高溫時鎚打鍛合。

玉鋼疊好，準備鍛鍊。

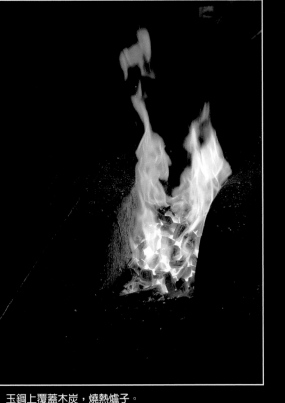

玉鋼上覆蓋木炭，燒熱爐子。

吉原義人傾聽爐中的聲響，判斷玉鋼溫度，溫度夠高時就能鎚打成一塊。

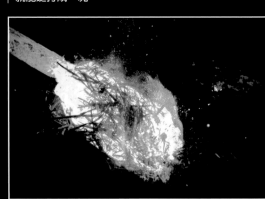

加熱過程中，不時把玉鋼胚裹上稻草灰，避免鋼氧化、脫碳。

　　接下來要製作梃（柄），這樣刀匠在加熱、折疊鋼塊時才方便操作。刀匠先打出長條的鋼柄，再把一塊鋼板鍛接到柄的末端，選出的玉鋼就疊在鋼板上，盡可能緊密堆疊。接著在鋼板和玉鋼塊上覆滿泥漿和稻草灰，小心地放進爐中。這個步驟，以及刀匠在這階段的大部分工作，都是為了保護玉鋼、保留鋼中所含的碳；泥漿和稻草灰能防止鋼在火焰中脫碳，變成柔軟的鐵。

　　刀匠依據顏色和爐中傳來的聲音，判斷鋼的溫度。等到溫度夠高，刀匠就小心地從爐中取出鎚打，直到所有玉鋼塊變成一塊玉鋼胚。玉鋼胚再加熱到極高溫，讓所有玉鋼融合成一塊。玉鋼在這溫度下呈現明亮的白黃色，高溫的鋼塊飛濺出火花。刀匠把鋼塊固定在鐵砧上，學徒細心

玉鋼胚會一直加熱到可以鍛鍊的溫度。

後，裹上稻草灰，再放回爐中。

玉鋼再度加熱時，刀匠和二、三名「先手」（sakite，助手）開始鍛鍊鐵。刀匠握住梃，讓助手鎚打玉鋼；刀匠和玉鋼之間用一綑溼稻草擋住，以免高溫的鋼濺出的火花和金屬屑噴到身上。今日的刀匠鍛鍊時常使用動力鎚，而學徒或學生也可能負責傳統先手的任務。最多有三名先手和刀匠合作，不斷輪流鎚打鍛鍊。一位刀匠和三名經驗老道的先手鍛鋼所需的時間，可以和使用現代動力鎚的刀匠差不多。

助手鎚打時，吉原義人會用一小把鐵鎚替他們定速。先手朝鐵砧中央鎚打，吉原義人則移動鋼胚，讓先手鎚打在鋼胚上他希望的位置。

從爐中拿出高溫的玉鋼。

玉鋼燒得夠熱時，吉原義人把玉鋼放到鐵砧上，由他的先手鎚打玉鋼。

將玉鋼鎚打成一塊。

鍛鍊：加熱、折疊鋼胚

玉鋼碎塊融合之後，繼續鎚打鋼胚，把鋼胚打到大約兩倍長，然後用鑿子鑿出刻痕、折疊。繼續重複這個程序：加熱鋼，鎚打延展，切斷、再次折疊。鋼通常會對折六次，完成「下鍛」（shita-kitae，基礎鍛造）的階段。第一次鎚打開來、折疊之後，吉原義人通常會把鋼塊橫向鎚打開來、折疊。然後交替將鋼塊直向、橫向鎚打開來，過程中都親自固定鋼塊，讓先手用大鎚鎚打。

下鍛完成之後，趁熱用鑿子在鋼胚上刻出一、二道刻痕，浸入水中淬火。鋼胚完全冷卻之後，就用鎚子沿著刻痕把鋼胚切成數段。

140頁下方的兩張照片顯示了兩種不同的鋼胚；左邊是玉鋼製成的鋼胚，右邊是用現代的高碳鋼。玉鋼的鋼胚是粗顆粒結構，顆粒很大。鋼胚中的水平線是鋼塊一再折疊、鎚打鍛合的。相較之下，高碳工具鋼製作的鋼胚，顆粒結構和外觀都十分細緻均質。玉鋼胚遠比現代高碳鋼堅韌，更難用鎚子鎚斷。玉鋼擁有獨特的化學組成和照片中的層次、顆粒結構，因此最適合製刀。

下鍛階段得到的鋼塊，繼續在上鍛階段（age-kitae，終鍛）組合、加熱、折疊、鎚打。刀匠必須趁熱處理鋼塊（鋼塊通常燒成黃色或白色），否則在它硬化後鎚打，鋼塊就可能受損；通常需要在爐中加熱大約15分鐘才能鎚打。一般在鎚打幾分鐘之後，才會降溫到適合的溫度之下，這時必須重新放回爐中加熱。鋼塊反覆加熱、鎚打，直到鍛鍊完成。

鋼塊加熱時，刀匠會不時把鎚子浸

先手鎚打玉鋼時，吉原義人用小鎚定速。

吉原義人固定玉鋼，由他的三名助手鎚打。

俯瞰鍛鍊玉鋼時的場景。吉原義人握住一束溼稻草，以
免火花和飛散的鋼屑噴到身上。

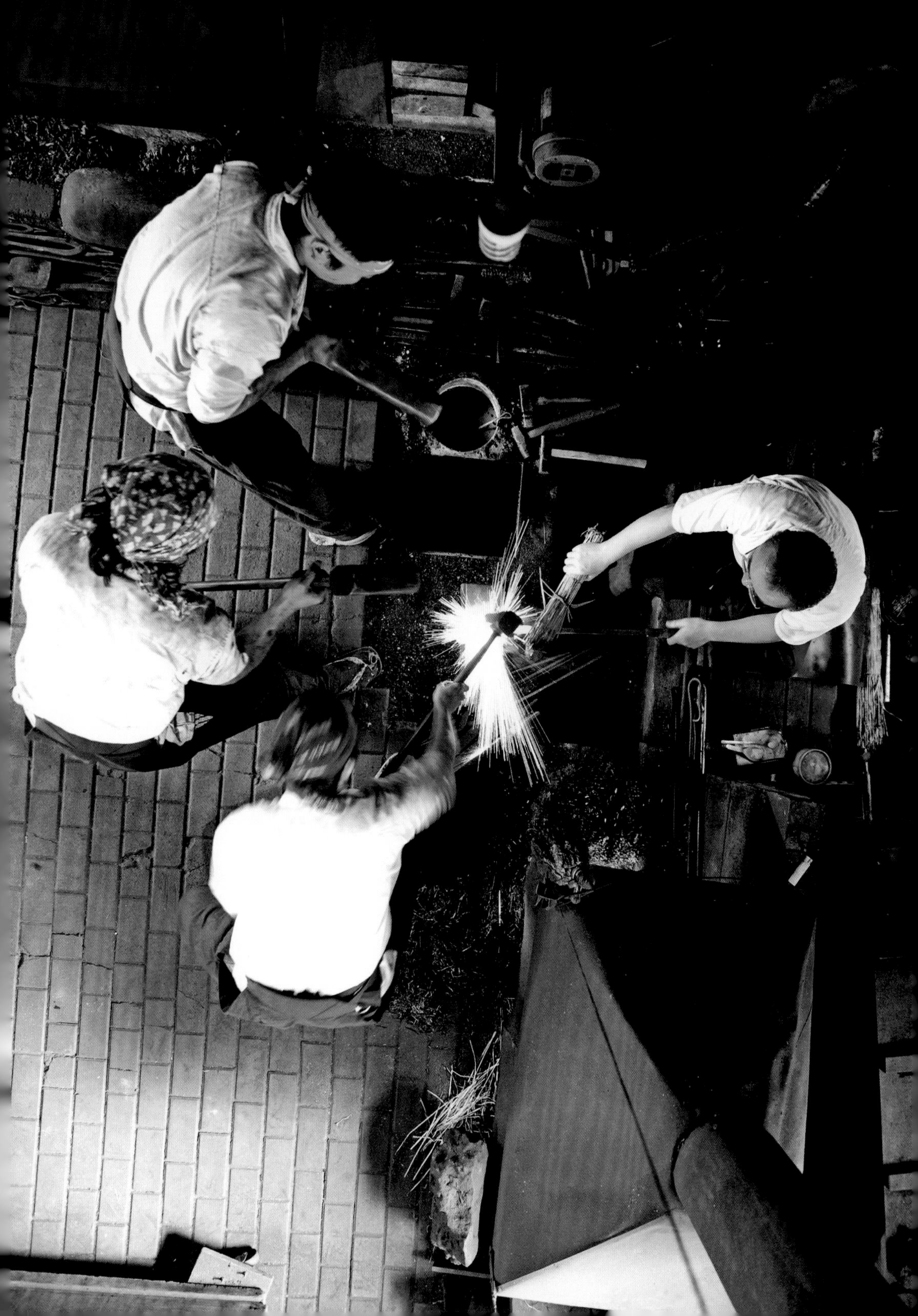

鐵砧和鐵鎚保持溼潤。

入水桶，把水沾到鐵砧上，讓鐵砧表面有薄薄一層水。高溫的鋼塊從爐中取出放到鐵砧上時，鋼塊的熱度會瞬間蒸發鐵砧上的水。沸騰的水蒸氣會幾乎像炸開一樣，

把鋼塊和鐵砧上的灰塵、金屬屑或鐵鏽噴掉，因此能保護鋼塊，維持鋼塊清潔，以免任何汙染物被鎚打到正在鍛鍊中的刀條裡。

程序中的這部分特別棘手，因為鋼放進爐中加熱一次，就會失去少量的碳。優秀的刀匠鍛鍊時迅速有效率，盡可能減少鋼在高溫的時間，以及加熱鋼塊的次數。如果鋼塊太常加熱，或是在爐中加熱太久，鋼最後的碳含量就會低於理想值，造成太軟的鋼。此外，如果碳含量太低，就無法做出理想的刃文。

另一個避免碳氧化的方法是把鋼胚裹上稻草灰、覆蓋泥漿再加熱。泥漿中的黏土能在溫度可達攝氏1000度的爐中保護鋼胚，稻草灰則能在更高的溫度中黏附在鋼的表面。要盡量減少脫碳，這些都是

吉原義人固定鋼胚，由學徒用大鎚折疊。

折疊後的鋼胚。

不可或缺的辦法。

　　如果鋼的碳含量太高，就會變得硬脆，使用時容易裂開或折斷。然而碳含量太低的話，鋼就會太軟，使用時可能彎曲或變形。最終碳含量到達0.6-0.7%，刀外層的鋼一般而言就很堅硬了，足以做出理想的刃文。

　　為了確保鍛鍊成品的碳含量適合製刀，刀匠在鏨刻鋼胚、折疊時必須仔細觀察。在這個階段，刀匠可以觀察鋼胚受到

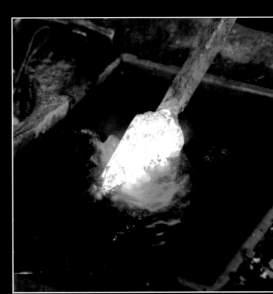

把胚浸入水中淬火。

拉長、延伸的地方。如果碳含量高，鋼比較脆，折疊時鋼胚上會有縫隙或袋口。如果鋼可以完全折疊，平順均勻地延長，沒形成縫隙或袋口，碳含量就很理想。刀匠鎚打折疊鋼胚，直到碳含量恰當。為了達到皮鐵的理想碳含量和特性，鋼胚通常會折疊十二次；心鐵則折疊五到七次。不過折疊次數仍然會視原先的玉鋼和玉鋼一開始的碳含量，以及鋼的純度而定。刀匠處理時必須細心檢視每一批鋼，判斷鋼胚何時達到他希望的品質和性質。

這個鎚打折疊的程序還有另一個目的——因為鋼加熱、鎚打時，會除去鋼渣，也就是鋼和汙染元素或其他礦物質結合成的碎屑。鋼渣微粒或鋼中所含的其他雜質會讓刀身有弱點，使用刀時可能斷裂或產生裂痕。因此鎚打折疊可以純化鋼，又能產生碳含量理想的高強度鋼。

鍛鍊過程會也形成「地肌」（jihada），也就是刀條表面的紋路。鎚打鋼胚的力道變化會使鎚打過的表面出現紋路。有的類似木紋（「板目肌」，itame-hada）或樹節紋（「杢目肌」，mokume-hada）。而鋼胚側面則會有直向的顆粒結構（「柾目肌」，masame-hada）。如果刀匠使用鋼胚的上下表面製作地肌，研磨完的刀面就會有杢目肌或板目肌的紋路。如果是用胚的側面製作地肌，則會有柾目肌的紋路。這些紋路有許多巧妙的變化，甚至一把刀上有幾種紋路的組合。最後結果視刀匠的鍛造技巧和設計而定。

前文提過，鍛鍊過程分成兩階段：「下鍛」（基礎鍛造）和「上鍛」（終鍛）。玉鋼胚在下鍛階段鎚打開來、折疊六次，之後再次鎚打開，切成三等份。下鍛的鋼塊，在上鍛時再結合在一起、鎚打開、折疊六次，製成皮鐵。

鍛鍊過程開始時的玉鋼用量遠多於成品刀身的鋼量。下鍛階段，鋼的量大約減少一半。鋼經過上鍛階段的鎚打折疊，又會減少大約一半的物質。刀匠一開始使用的玉鋼到了製刀用的最終鋼胚，約莫只剩四分之一。整個鍛鍊過程結束時，刀匠會用一條皮鐵製作大刀的外層，另一個碳含量較低的胚為心鐵，作為刀的芯。

這幅刀匠工作的場景出自江戶時代的畫屏〈職人盡繪〉（Shokunin-Zukushi-e）。畫屏上描繪了工作中的各式傳統工匠

鋼表面的板目和柾目紋

ITAME-HADA 板目肌

MASAME-HADA 柾目肌

　　鍛鍊時重複折疊、鎚打，使鋼條延展，直到達到需要的性質。重複鍛鍊、鎚打的過程會產生地肌，也就是鋼條表面的紋路。日本刀常見的基本地肌有兩種，一把刀上通常具有其中一種。鋼條表面受到直接鎚打，產生一種類似木紋的紋路，「板目肌」。板目肌產生於鎚打穿透上方表面的數層，使得鋼條表面可以看到相鄰的幾層鋼。相反的，鋼條側面呈直線木紋，或是一系列平行的直線層次，稱為「柾目肌」。鍛鍊程序結束之後，如果刀匠用鋼胚的鎚打面作為刀的側面，地肌就會呈板目肌，也就是木紋（樹節紋狀的「杢目肌」也很常見）。如果刀匠用鋼胚的多層次側面來作刀側，打造出的刀條上就會有直紋的柾目肌。實際的紋路要視刀匠的做法和採用的鍛鍊方式而定。由於鍛鍊技術有個別差異，不同的刀上可以看到不同的板目肌和柾目肌。

造込與素延：
刀材與刀胚的形成

造込（Tsukurikomi）：
刀材的形成

前文提到，鍛造日本刀用到兩種鋼——高碳的外層鋼材皮鐵，以及中心較軟、含碳較低的心鐵。兩種鋼材的鍛鍊方式相似，是重複鎚打、延長鋼塊再折疊。不過兩者在刀的成品中的功能相異，一開始用的玉鋼也不同。心鐵比較軟，延展性較佳；皮鐵則較硬，延展性較差。心鐵有吸收衝擊的功能，避免刀在劇烈撞擊下折斷。堅硬的皮鐵則是刀的表層，表面有紋路（地肌）；皮鐵的碳含量高，這是製造刃文的要件。

製刀時，刀匠會把皮鐵和心鐵鍛造成複合鋼條。大部分的日本刀（包括吉原義人的作品）鍛造方式都是簡單的「甲伏鍛」（kobuse），如右圖所示。不過鍛造複合鋼條的方式不只這種，不同流派的刀匠會使用不同的方式。例如比較複雜的本三枚（honsanmai）結構要把四塊鋼鍛接在一起——一塊堅硬的刃，一塊軟鋼芯，以及側邊堅硬的鋼。新新刀時期（約公元1790-1876年），刀匠用許多不同方式製刀，希望能與過去最優秀的日本刀作品並駕齊驅。

甲伏鍛堅硬的皮鐵先打成幾乎方形的寬板狀。切除柄之後，刀匠就把皮鐵板打進粗鐵棒製成的模具中，沿著中央鎚打成U型。刀匠用鉗子固定鋼板，用特製的

後，就將一端鎚打閉合，之後形成刀尖。

下一步是製作較軟的心鐵作為芯。心鐵折疊、打成一端收尖削的細條，之後會包進U型的皮鐵中。刀尖必須非常堅硬，因此尖削那端的心鐵不會延伸到皮鐵密封的前端（這部分之後會形成刀尖）。塑形之後，心鐵就鍛接上柄。

心鐵和皮鐵鍛合成鋼條，最後再鍛造成刀。心鐵和皮鐵的表面必須完全緊

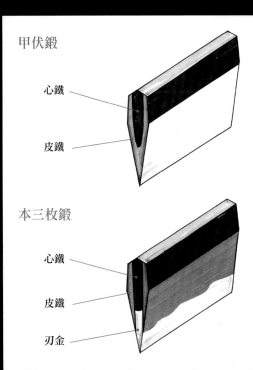

甲伏鍛

心鐵

皮鐵

本三枚鍛

心鐵

皮鐵

刃金

圖中是結合不同鋼材來製刀的兩種常用方法。本三枚造込使用三種鋼來打造一把複合刀——柔軟的心鐵，堅硬的皮鐵，和刀刃的堅硬鋼材刃金。心鐵置於兩塊硬鋼中間，刃金則置於下方，形成硬化的刀刃。刃金和皮鐵的鋼材相接的地方，鍛造出的刀表面可能出現「金筋」（kinsuji，金色線條之意）和「砂流」（sunagashi）等等的紋路。吉原義人使用的甲伏鍛比較單純，心鐵置入U型的皮鐵中，再將心鐵與皮鐵鍛合在一起。皮鐵會沿下緣硬化，形成刃文。

皮鐵打成幾乎方形的板狀。

除去皮鐵上的柄。

密貼合，毫無空隙。這時要先加熱心鐵和皮鐵，把硼砂鋪在即將要鍛合的表面。硼這種助焊劑可以防止氧靠近高溫的鋼表面，預防氧化、形成鐵鏽而使心鐵和皮鐵無法牢牢鍛合一起。這階段中，刀匠必須動作迅速仔細，才能確實把兩塊鋼鍛合在一起，形成日本刀的強力複合鋼條。

硼助焊劑鋪上高溫的鋼表面之後，就將心鐵條置入U型的皮鐵板中。刀匠和助手鎚打鋼條，把皮鐵與心鐵打成複合鋼條，

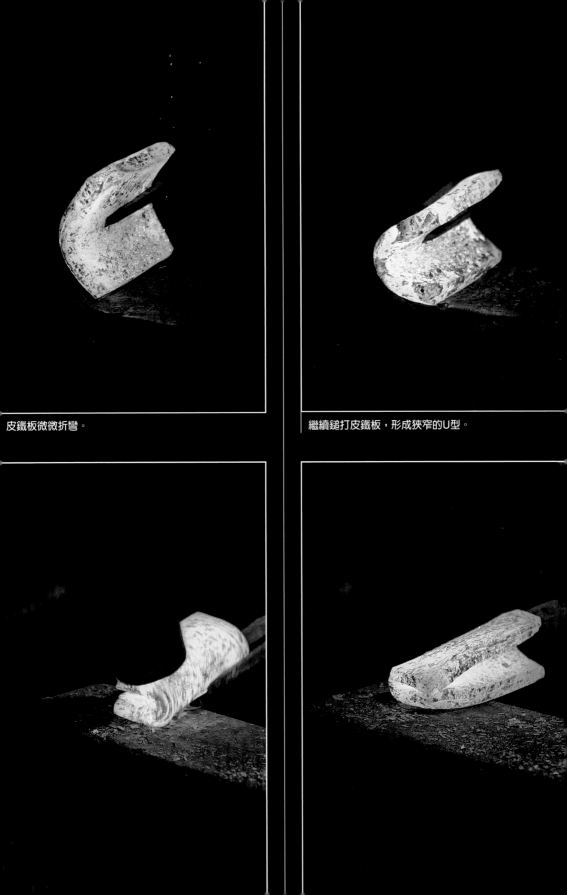

皮鐵板微微折彎。

繼續鎚打皮鐵板，形成狹窄的U型。

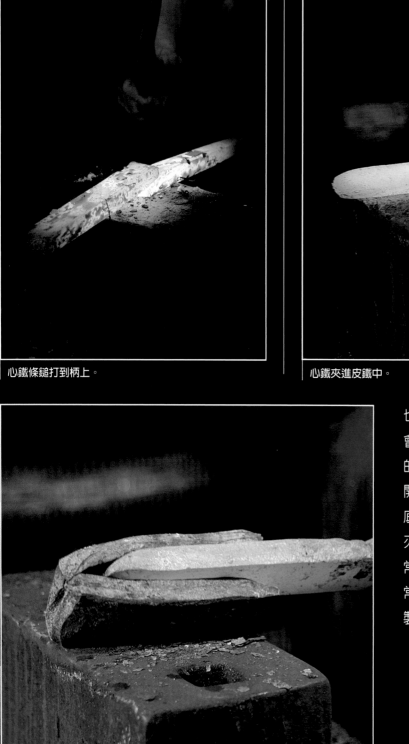

心鐵條鎚打到柄上。

心鐵夾進皮鐵中。

也就是之後的刀身。皮鐵
會包在心鐵外，形成之後
的刀「棟」（mune，未
開鋒的刀背）。U型鋼條
底部實心的皮鐵會形成刀
刃。柔軟的鋼芯會使刀非
常強韌，外表面則形成非
常堅硬的刀刃，以利刀匠
製作刃文。

把硼撒到要鍛合的表面，作助焊劑之用。

吉原義人把皮鐵和心鐵鎚打在一起，讓兩塊鋼緊密結合。

素延（Sunobe）：

刀胚的形成

皮鐵和心鐵製成的複合鋼條必須經過鍛造，讓兩片金屬的內表面完全融合。和先前一樣，為了防止鋼中碳的成分氧化，鋼條上必須淋上泥漿，裹上稻草灰，才能放進爐中加熱。鋼條熾熱之後，刀匠

和助手就開始鎚打鋼條表面，讓皮鐵與心鐵完全鍛合在一起。鋼條又厚又大，因此這種鍛造需要借助助手或動力鎚；刀匠獨自揮動鎚子的力量不夠大。助手和先前的鍛造過程一樣，是用沉重的大鎚敲打，刀匠則敲打小鎚來定下速度。刀匠手持一束溼稻草擋在自己和鐵砧之間，以免飛濺的火花和鐵屑噴到身上。

吉原義人在複合鋼條上撒上硼。

用泥漿和灰保護鋼條、加熱、鎚打的過程反覆進行，直到芯和外層的鋼完全鍛合。過程中，鋼條也鎚打延長，形狀逐漸變細長，長到足以製刀。（製刀時，鋼條會打到60-70公分長。）成形後，這個「素延」（也就是刀胚）會決定成品的厚度和寬度，所以刀匠鍛造鋼條時必須維持正確的比例。雖然素延會決定粗略的刀型，但模樣和最終成品完全不像。

刀匠必須經常確認鋼條的尺寸，確有足夠的鋼材做成理想的刀形。如果任何一處的鋼太薄，就無法做出尺寸恰當的刀。鋼條延長時，鍛接在心鐵上的柄

鋼條鍛合成一個複合結構。

從爐中取出鋼條，澆上泥漿，再放回爐中。

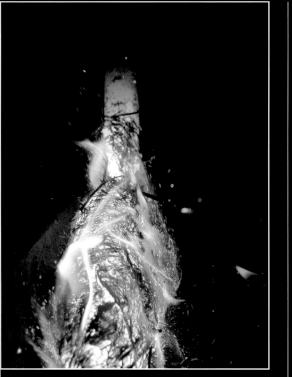

鋼裹上稻草灰，再放回爐中。

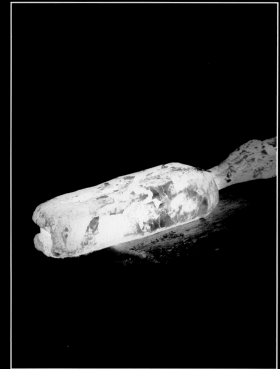

複合鋼條打成一塊之後，明顯變薄、變平。

吉原義人和一名學生鎚打鋼條。

鍛打鋼條，讓鋼條延長，並且使得內外的組成均一。此時鋼條明顯增長。

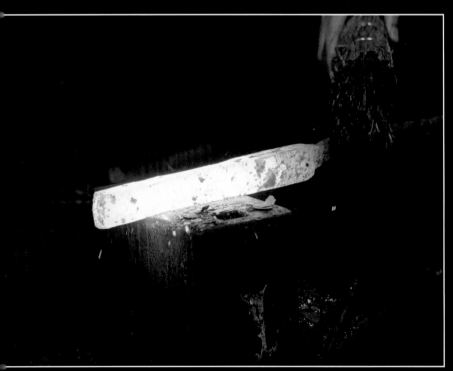

鋼條的一部分鎚打延長了。連接柄的那端會製成刀莖。

會長到難以操作，這時刀匠就用鑿子切斷鋼，除去鍛合的柄，使得鋼條的長度更適於操作。

原先的柄切斷之後，鋼條末端會製成刀莖，經過鎚打、塑形，變得比鋼條的其餘部分更窄，表面平滑。刀莖成形之後，刀匠夾住刀莖來固定鋼條，讓助手用大鎚鎚打，繼續加熱、延展鋼條。

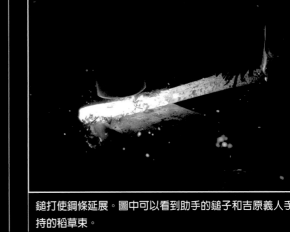

鎚打使鋼條延展。圖中可以看到助手的鎚子和吉原義人手持的稻草束。

吉原義人檢查鋼條的寬度，這時鋼條已經延長很多。

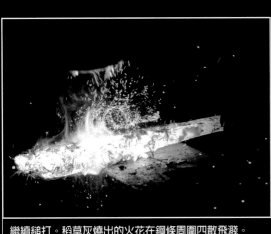

繼續鎚打。稻草灰燒出的火花在鋼條周圍四散飛濺。

鋼條鎚打到接近預計的長度之後，先端切去多餘的鋼，讓刀胚完全符合需要的長度。刀匠把鑿子置於高溫的鋼上要切下的位置，由助手用大鎚鎚打鑿子，切至鋼條一半的深度，之後可用小鎚鎚彎鋼條末端，使之脫落。之後繼續鍛打鋼條的兩側、末端和尾端的表面，使刀尖成形。

刀匠繼續查看鋼條，確認尺寸和厚

切下之前鍛接在心鐵鋼芯的柄。鋼條的這一端會形成刀莖。

確認刀莖處鋼的厚度與寬度。

吉原義人用鉗子夾住刀莖，讓助手鎚打鋼條，
把鋼條延展到需要的長度。

度，同時檢查鋼條的形
狀、狀況與全長。如果有
任何異狀，就靠鍛打來修
理或改正。這樣能節省鋼
材；事後再銼修或打磨，
刀會損失大量的鋼。

刀匠這時已經打造出素延，也就是之後製刀用的胚。複合鋼條符合製刀所需的形狀與長度，鋼芯是柔軟的心鐵，外層則是堅硬的高碳皮鐵，並且有明確的刀尖區域和刀莖。從鋼條後背到之後要做成刀刃之處的厚薄相同，雖然僅僅經過鎚打，但表面平整滑順。

吉原義人檢查刀尖區域的尺寸。

刀尖鍛造成形。

吉原義人檢查複合鋼條的外形。

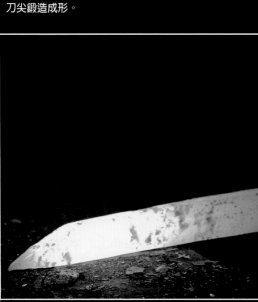

界定出刀尖區域，並使刀尖形狀清楚。

複合鋼條打造成素延，也就是之後用來製刀的刀胚。

火造（Hizukuri）：刀身完整成形

到了這個階段，新刀的整體形狀和長度已經成形。素延打造成刀之後，刀身會加長10%，寬度則會增加20-30%，並且會做出刀刃。因此刀匠作業時，必須掌控這些變化。把素延打造出刀最後的形狀，這個程序稱為「火造」。刀匠一次處理一截素延，從刀莖朝刀尖區域進行。刀匠通常會把刀身加熱到發黃（約攝氏1100度）再開始鍛造，直到刀身冷卻成暗櫻桃紅（約攝氏700度）。溫度更低時鎚打刀身很危險，可能損壞刀身。相反的，鋼太熱時鎚打，可能破壞內外層的位置，或造成變形。

收尾，調整素延的線條和表面。

刀匠這時必須打造刀胚各部位（刀尖、刀莖、刀背和刀刃）的輪廓。以傳統的「鎬造」（shinogi-zukuri）方式製刀時，刀匠也會塑出延伸到全刀的鎬筋（稜線）和鎬筋上方的平面。如果一把刀有鎬，刀身剖面中最厚的就是鎬的位置。刀身沿邊緣打薄，做出刀刃，靠近刀身上半部的兩側也稍稍打薄。刀尖和刀莖也在這階段成形，展露完整的刀姿。

這階段大部分的鍛打都是由刀匠用小鎚子進行，不過刀匠的助手有時必須用大鎚幫忙。有經驗的刀匠進行這個階段的作業時，看起來輕而易舉；看起來彷彿是刀身在鎚子底下自動成形。不過這種鍛打遠比看起來難多了，學徒要經過三到五年才能技巧純熟。旁觀者或許看不出來，不過這階段之所以非常困難，一方面是因為鋼無法壓縮。每次刀匠鎚打鋼的一處、加以

棟（未開鋒的刀背）有兩個斜面，形成一個脊。

吉原義人處理靠近刀莖的一端。他正在製作庵棟（iori mune），也就是屋頂形狀的刀背。

吉原義人在鐵砧邊緣鎚打，將刀刃成形。

移位的鋼會朝刀身的上方或下方移動。

　　與之前的鍛鍊過程一樣，鎚子和鐵砧要保持溼潤，以便保持鐵砧清潔。炙熱的鐵使鐵砧表面的水沸騰，蒸氣沖走鐵砧、刀身上的微粒和鋼渣。少了這個步驟，鋼渣或其他微粒就可能被鎚打進鋼裡。

　　刀的弧度必須時時調整，同時鎚打鎬地，拉直刀身。此外，刀的表面會產生起伏或變形，必須在這段鍛造過程中持續整平。

　　刀匠繼續一截截打造刀身、為素延整形，直到整個刀身和刀尖完整成形。刀尖區域成形之後，刀匠就逐步向後朝刀莖的方向處理，進一步整形，拉直刀身，儘可能直刀身平坦滑順。這時矯正刀形，之後就不需靠著研磨或銼修來整形，因此能

吉原義人的助手有時會用大鎚幫忙塑形。

鍛打過程中，鎚和鐵砧要不斷沾溼。

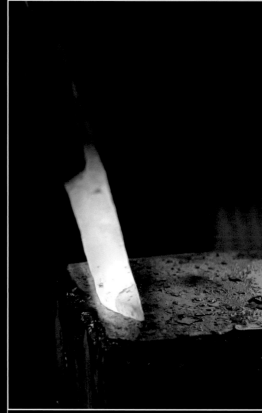

鍛打進行到刀尖區域，這時正在修出刀尖區域的輪廓。

在靠近刀尖區域的位置鍛打。吉原義人調整刀的位置，由助手用大鎚鎚打。

而完整的形狀，棟（刀背）已經成形，鎬筋（脊線）也就位，刀尖和刀莖都有了恰當的形狀。雖然這階段的刀身已經成形，有明確的刀刃，但刃緣至少會留下2公釐

吉原義人沿著刀身往刀莖鍛打回來，圖中他暫停作業，把鎚子沾水。

吉原義人打造已經成形的刀莖。

鍛造後刀身的完工狀態。

吉原義人在木砧上鎚打刀身，把刀身拉直。

鍛造完畢的刀，刀身線條要直，弧度順暢而連續。雖然刀匠在鍛造過程已經非常小心，但畢竟是用大鎚和粗魯的動作在做，所以很多細節必須之後再矯正。儘管刀身在鍛造時看起來很直，但在室溫下冷卻時可能會變形。

刀匠檢查完整個刀身的起伏或變形之後，把刀放到木塊上（通常是一截樹幹），在恰當部位細心鎚打，拉直、打平刀身，從頭到尾逐步處理整把刀，確保刀身完全是直的。接著再次檢查，確認全刀的刀身完全平坦。任何扭曲處都以堅固的J型鐵條微微拉直刀身，加以修正。然後再度從頭到尾把全刀矯正一遍。如果鍛造

得好，刀身這時應該很接近預計的尺寸和刀形，減少之後額外的銼、削工作，避免浪費鋼材。

接下來，用銼刀和「鏟」（sen）這種雙手鉋刀進一步使刀刃、刀背和兩側平滑細緻，修正表面或輪廓其餘不規則的地方。鏟的使用方式類似刨子，可以刨削刀的兩側，使之平滑。鏟的刀刃是硬化鋼，可以輕易削下刀身兩側大量的鋼，產生乾淨平整的表面。這時刀放置在一塊長木板上，夾在兩塊木板之間。刀匠把雙手鏟向前推，削過刀身。163頁的照片中，白色部分已經用鏟刨過，刀身表面其餘的黑垢和氧化物還待去除。鏟和刀周圍可看到大

用U型鐵條校正刀身上的一處扭曲。

用銼刀修整棟和刃。

檢視刀身的形狀。刀匠會不斷查看刀身，監看拉直的過

刀身兩側用鑢這種加硬鋼製成的銼刀來修整

用鏟來整修成品的刀形。鎬上方用鏟刨過的鋼呈白色。

吉原義人使用過鏟之後，再銼修表面，使表面更平滑。

量的金屬屑。

　　刀匠用鏟把刀身的邊緣處理得平骨，除去鍛造過程中表面留下的任何凹陷。用完鏟之後，再用大型的粗銼刀加工表面。刀匠接著再用非常粗的金剛砂砥石

和刃區（刀莖基部在刀刃下方的凹口）會非常清楚。粗砥石造成的刮痕會讓刀的表面看起來平滑均一。刀身保持潔淨，不能接觸到手。這些都是為了下一階段——製作刃文做準備。

土置：刀身敷上燒刃土

鍛造和初步修整之後，刀匠得到成形的刀身，和乾淨、粗糙而平整的表面。下一步是製作刃文。刃文是鋼加硬後沿著刀刃出現的圖案。程序是在刀上敷土，加熱，然後淬火。這過程稱為「土置」（tsuchioki），是把隔絕用的一層燒刃土敷到刀身上，但要加硬的刀刃則不敷土。鋼加熱到失去磁性的溫度（臨界溫度為攝氏750-850度，隨鋼的種類而異），然後迅速冷卻（通常是浸入一桶冷水中淬火）。刀身由於敷土隔絕的關係，冷卻得比刀刃慢。雖然刃和刀身的冷卻速度差異相對不大，大約只有幾毫秒，但冷卻較快的鋼堅硬得多。按冶金學的說法，刃鋼會轉化成麻田散鐵，刀身則仍然是肥粒鐵和波來鐵。如果熱處理成功而沿著刃形成醒目明顯的刃文，刀身通常看得到一條線（匂口），標示出加硬的刀刃和較軟的刀身之間的界線。

製作功能良好又美觀的刃文，需要多年學習的技術。首先，要有用玉鋼精心鍛造的刀條。此外，要調製配方恰當的燒刃土，仔細敷在刀身；刀身必須加熱到一個精準的溫度範圍，只能靠目視鋼的顏色來判斷溫度。最後，整把刀要加熱到均一的溫度，再進行淬火，才能在整個刀身上形成外觀和結構一致的刃文。

鋼的成分與碳含量在冷卻過程中，會影響麻田散鐵鋼的形成，因此是製作理想刃文的關鍵。刀匠從玉鋼開始鍛鋼開始，就設法確保鋼的成分與碳含量正確。如果碳含量低於0.6-0.7%左右，就無法形成理想的刃文，或者只得到非常狹窄的刃文。此外，如果鋼中含有鐵和碳之外的其他元素，就可能影響冷卻過程，甚至阻礙麻田散鐵的形成。

刃文本身的形狀也很重要。最古老的日本刀，刃文直而窄，因此刀身中較軟的肥粒鐵、波來鐵與麻田散鐵的邊緣之間只有細細一條直線相連。打鬥中，刀與刀相擊或擊中其他物體時，這兩種鋼之間的連結可能破裂或變弱，使刃和刀身分離。為了解決這個問題，平安時代（公元794-1185年）的刀匠開始製造輪廓更繁複的刀紋。先前的刃文界線直而單純，新的刃文則有一系列的半圓、環形、波浪形或其他形狀從刃文的上端延伸至刀刃。這種風格的刃文在視覺上有趣得多，效用也大幅提升。形成刃文界線的許多形狀變化都有名字；沿著刀身不同的位置，刃文可能也不一樣。好的刃文必須非常清楚，不中斷且輪廓清晰，而且要能用討論刃文的標準日文詞彙來形容。

這些變化的共通點是「足」。足是波來鐵和肥粒鐵從刀身往刀刃延伸進入刃文的線條。足可以有效地在刀身和麻田散鐵刃文之間形成遠比較長的界線。加硬的刀刃和刀身之間的連結因為類似拉鏈的結構而強化，有助刀身維持完整。此外，如果加硬的刀刃發生缺角或損傷，刃文的齒狀結構也能將損傷限制在刃文相鄰兩道足之間的小區域。

刀匠在這些考量之下，開始準備製作刃文，過程有三個步驟。第一步是準備黏土、木炭粉和砥石（由粗

砂岩「大村砥」，omura-to製成）調合而成的黑色燒刃土。接著刀匠把一層燒刃土敷上刀刃，刮成一層非常薄而均勻的敷土。覆蓋了黑色燒刃土的區域大約決定了刃文的位置。刀浸入水中淬火的時候，這層燒刃土其實會加速冷卻速度。砥石的成分會使刀條上燒刃土的顯微表面積大幅增加，因此刀刃的鋼比未敷土的情況冷卻得更快，幾乎完全轉化成麻田散鐵鋼，有助於產生更好的刃文。

接下來，刀匠會在刀身的上半部敷上赭色燒刃土，厚度遠比較厚。這層

吉原義一正在準備黑色的燒刃土混合物，用來界定刃文區域。調和均勻之後，黏土成分完全溶解，混合物稀到可以輕易塗在刀條上。塗到刀上之後，燒刃土會迅速乾燥，無法再調整。

黑色燒刃土加水混和，直到黏稠度適當，所有黏土顆粒完全溶解為止。

吉原義一開始將黑色的燒刃土混和物覆在預計做出刃文的區域，用小抹刀把燒刃土準確塗在他要的地方。

敷上從柄（未開鋒的刀背）向下延伸到之後刃文的上端，停在黑色燒刃土隆起的邊緣。赭色燒刃土混合了黏土、大村砥研製的粉末、木炭和氧化鐵（因此呈赭紅色）。這只是吉原義人和吉原流刀匠使用的燒刃土成分，其他刀匠和流派各有自己的配方。這種赭色的黏土混合物隔熱效果絕佳；此外，赭色和黑色形成對比，更容易看出之後會形成刃文的燒刃土紋路細節。

赭色燒刃土敷到刀身上之後，還要加上很多細節。這時如果直接把

刀身加熱、淬火，刃文的輪廓基本上只會沿著赭色與黑色敷土在刀身上的邊界。要做更複雜的刃文，就用赭色燒刃土加上足，將小抹刀浸入燒刃土中，然後把小抹刀壓過敷上赭與黑色燒刃土的區域，從刀背向刀刃操作，沿著刀身進行。這會讓整個刀身到刀刃處橫向覆上細細的燒刃土，形成厚厚的足。足底下的鋼和刀上半部更厚的赭色燒刃土底下的鋼幾乎一樣慢冷卻，因此燒刃土沿刃文塗抹處會產生一道道狹窄而較軟的鋼。這些軟鋼

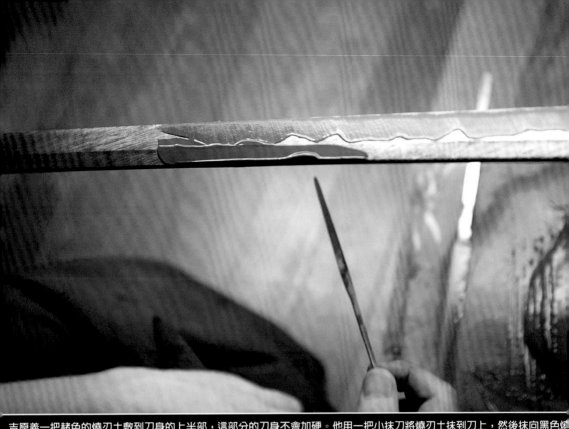

吉原義一把赭色的燒刃土敷到刀身的上半部，這部分的刀身不會加硬。他用一把小抹刀將燒刃土抹到刀上，然後抹向黑色燒刃土的界線。

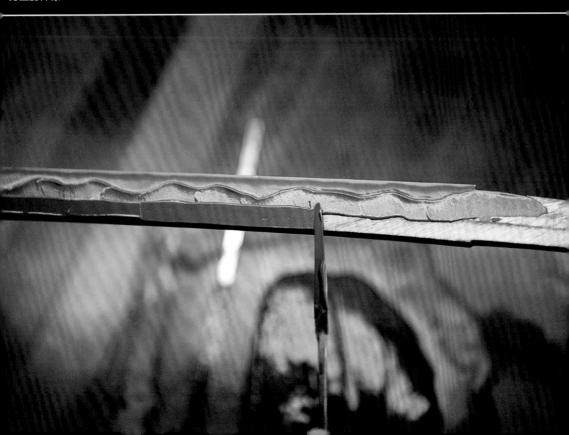

製作足。把小抹刀浸入赭色燒刃土，滾過刀身，留下橫過黑色敷土的細細線條。線條下的鋼在燒入時不會加硬，因此會有軟鋼形成的細線橫過加硬的刀刃。

遍布刃文區的足。這張照片中，上方的赭色燒刃土明顯比較厚，赭色的足蓋在黑色燒刃土上。這種紋路會產生丁子亂刃文。

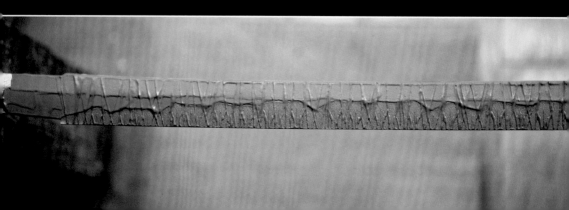

部位往最後的刃文中顯而易見。因此如果刀匠把刀身加精準加熱到恰當溫度，燒刃土的圖案又設計得好，最後的刃文區域就會受到兩大因素影響：黑色燒刃土上方的赭色厚燒刃土層，以及刃文中的足。

燒刃土半乾的時候，就可以大約看出最後的刃文是什麼模樣。下圖從刀刃向上方延伸的淡灰色區域顯示刃文大約的樣子。乾燥的灰色區域形成環形，從刀刃向刀身後方隆起。這樣的紋路（環的上端比底部狹窄）稱為「丁子」（choji）。

敷到刀上的燒刃土乾燥之後，就可以進行下一步驟：燒入。刀匠把刀放進爐中加熱，直到到達臨界溫度（通常大約攝氏750-850度），這時刀身變暗成鮮黃。刀匠判斷時機正確，就會把高熱的刀身浸入一缸水裡，迅速冷卻並形成刃文。

這個程序遠比看起來困難很多。必須針對特定的燒刃土圖樣、配方和厚度，把刀加熱到非常精確的溫度範圍之內，才能產生刀匠希望的刃文。如果刀身加熱過度，就不會出現期望中的刃文。刀身必須達到恰當的溫度；鋼必須是純的碳鋼，碳含量適中；刀身全長都必須均勻加熱；而燒刃土必須妥善設計、塗敷，才能得到期望的刃文。

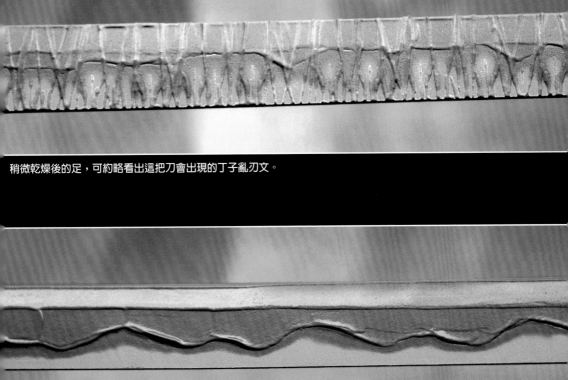

稍微乾燥後的足，可約略看出這把刀會出現的丁子亂刃文。

這種燒刃土的紋路用於製作沒有足的亂刃文（不規則的波紋）。邊緣的淺灰色區可看出將來刃文的輪廓是什麼樣子。

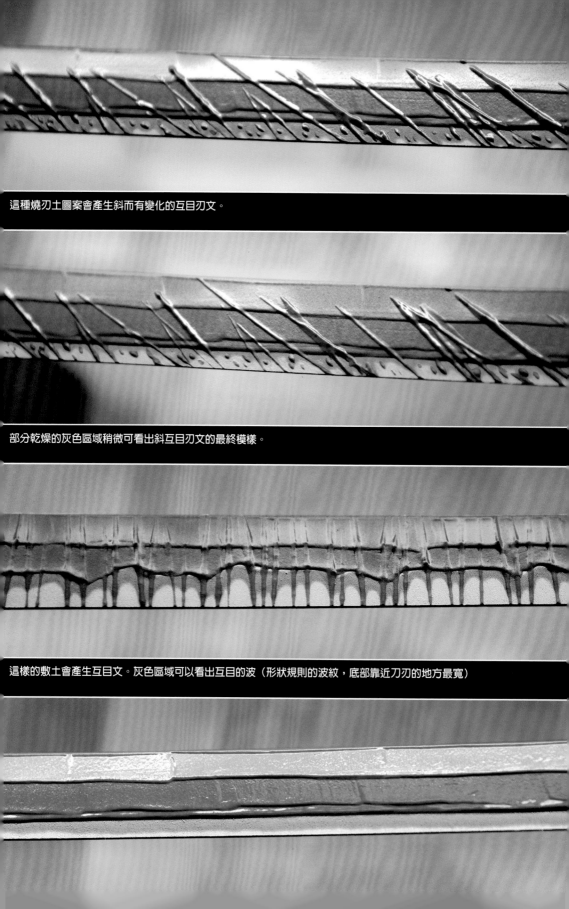

這種燒刃土圖案會產生斜而有變化的互目刃文。

部分乾燥的灰色區域稍微可看出斜互目刃文的最終模樣。

這樣的敷土會產生互目文。灰色區域可以看出互目的波（形狀規則的波紋，底部靠近刀刃的地方最寬）

燒入：熱處理

燒入程序之初，吉原義人開始把刀放入爐中加熱。吉原義人握著刀，刀刃朝上緩緩伸入爐中，再從爐中抽出，同時不斷鼓動鞴（風箱）。圖中可以清楚看到刀身上的燒刃土圖案。

　　燒入通常在日落後、工坊完全漆黑時進行。工坊全黑，刀匠才能靠刀身的顏色來判斷溫度，工坊中有任何光線，都可能干擾刀匠的判斷。燒入開始時，刀匠把刀身放進爐中加熱，刀刃向上。刀緩緩從爐中抽出，重新置入爐內，再從爐中抽出。隨著這個過程反覆進行，刀身開始變色，一開始先轉為暗紅。刀匠繼續緩慢地加熱刀身。顏色呈橙色時，他會轉動刀身，刀刃朝下從爐中抽出。之後繼續加熱刀身，直到刀刃呈鮮橙色或幾乎呈黃色，

刀背是較暗的橙色。這樣的顏色分布表示刀刃的溫度高過刀身。理想的狀態下，如果加熱步驟操作確實，刀刃的溫度大約是攝氏800度，刀背則在攝氏700-720度；整個刀身都是這樣的溫度分布。這時高熱的鋼上看得出厚厚的燒刃土界線和刀文大致的輪廓，因此已經能看出刀文會形成的位置。刀身全長均勻加熱，刀刃和刀背的溫度正確之後，刀匠就會從爐中抽出刀身，浸入水槽裡的冷水中。

　　刀身冷卻之後，刀匠從水中取出檢

刀緩緩在爐中抽動，刀條的溫度升高，顏色由黑色依序變成紅色、橙色和黃色。

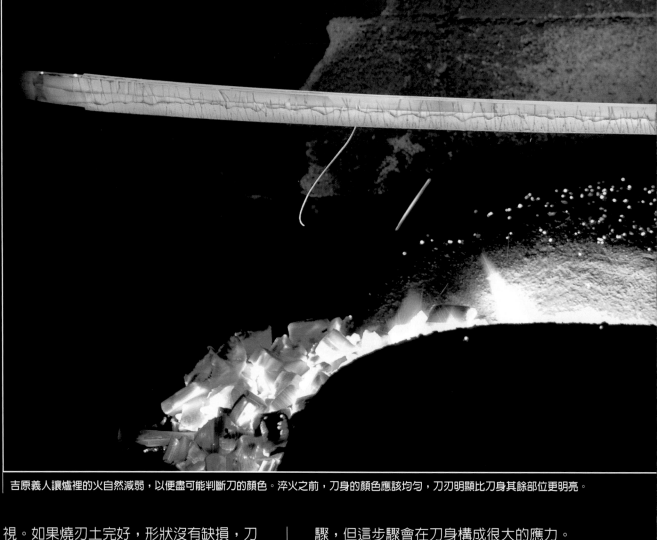

吉原義人讓爐裡的火自然減弱，以便盡可能判斷刀的顏色。淬火之前，刀身的顏色應該均勻，刀刃明顯比刀身其餘部位更明亮。

視。如果燒刃土完好，形狀沒有缺損，刀身就必須回火（燒戻し，yaki-modoshi），放回爐中重新加熱到大約攝氏170-180度，然後再次淬火。燒入之後，刀刃會變得非常堅硬，如果在這情況下使用，甚至研磨，很容易缺角或斷裂。回火的步驟會讓刀刃軟化，不像原來那麼脆。

　　雖然日本刀製造時需要燒入這個步驟，但這步驟會在刀身構成很大的應力。不同部位的刀身冷卻速度不同，會造成扭曲。在冷水中淬火，刀身也會急劇收縮，如果刀鍛造不良，就可能破裂或損傷。鍛造不良的刀身可能裂開、變形、在刀身上出現瑕疵，或在這個步驟之後出現不理想的刃文。

　　如果燒入的結果不理想，但刀身狀

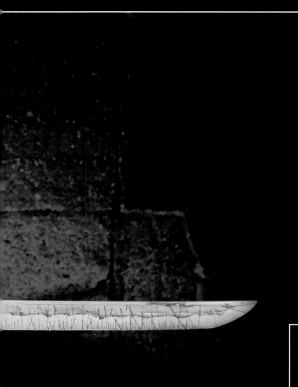

況很好，刀匠可以把刀身放入爐中加熱至黃色，在室溫中緩慢冷卻，藉此去除刃文。接著就能清理刀身，再次敷上燒刃土，重新燒入，製作刃文理想的良刀。鍛造良好的刀可以承受數次燒入，因此刀匠在新刀上製作刃文時，通常會有超過一次的機會。其他情況如經歷火災、大量使用後出現磨損痕跡，或打磨太多次的舊刀，都能重新進行熱處理，產生新的刃文。

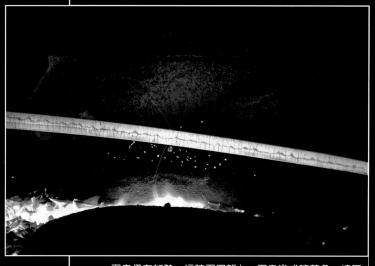

刀身仍在加熱，這時刀刃朝上。刀身變成暗黃色，燒刃土的輪廓清晰可見。

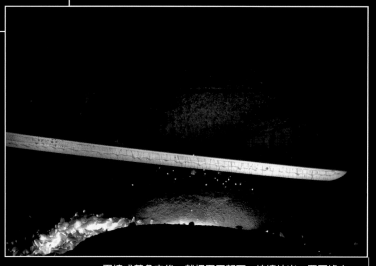

刀燒成黃色之後，就把刀刃朝下，持續抽出、置回爐中。

刀加熱到適當溫度時，吉原義人只有幾秒的時間確認整把刀已均勻加熱，顏色正確。確認完，讓刀與地面平行，浸入水槽中的冷水。如果一切順利，這時刀就有了刃文。

裸燒：不用燒刃土來製作刃文

刀匠藉由土置（敷上燒刃土的步驟）來製作刃文，勾勒出刃文的形狀和形態，成果反映出刀匠的感性、技術和手法特色。不過不用燒刃土也可以產生刃文。這樣的做法稱為「裸燒」（hadaka-yaki），或許是製作刃文最古老的方式。這種方式製成的刃文，會依鋼的含碳量、刀的表面處理方式，以及刀淬火前的加熱溫度而不同。雖然裸燒可能產生獨特的刃文，卻不像運用燒刃土所產生的刃文能展現刀匠的個性和風格。

不過裸燒成功時，可能造成繁複而美麗的刃文，其中含有互目和丁子文，加上細緻緊密的足，以及葉（yo，未連接主刃文線的足）。刃文內有時會出現較軟的小區域，但無法用土置做出來，僅在裸燒時出現。有時溫度恰好，會出現明亮的「映」（utsuri，霧白色結構，在刀身上和刃文平行）。許多一文字流（Ichimonji school）的丁子亂刃文和青江流（Aoe school）的逆丁子刃文，據推測都是用裸燒製作的。

小型刀用土置做出簡單的直刃文大約需要20分鐘。複雜的互目和丁子刃文可能需要二、三個小時敷土，有的刀匠需要半天以上。而裸燒可以迅速完成。182-183頁的圖是一把日本刀經過一般土置燒入的過程，和一把短刀裸燒硬化之後，在透明的水槽裡淬火的情形。土置過的刀身浸入冷水時，刀身兩側形成的氣泡很少，其中大多來自刀刃。這是因為刀刃冷卻得非常快，熱沿著刀刃傳到水中，使水沸騰。刀身因為覆土較厚，冷卻得較慢，產生的氣泡比較少。

裸燒的刀身整個表面都看得到氣泡形成。刀身一入水，不只是刀刃處，整個表面都開始迅速冷卻，因此刀身各處的熱都傳到水中。不過許多氣泡最先是在高溫的狹窄刀刃形成，沿著刀身表面往上浮。這些氣泡有隔熱的作用，可以改變刀表面冷卻的速度和模式。氣泡的形成和移動是隨機的，因此無法預測氣泡在刀側造成的獨特冷卻效果（也就是刃文的形成）。得到的刃文可能非常成功，不過刀匠幾乎不可能控制刃文的外觀。

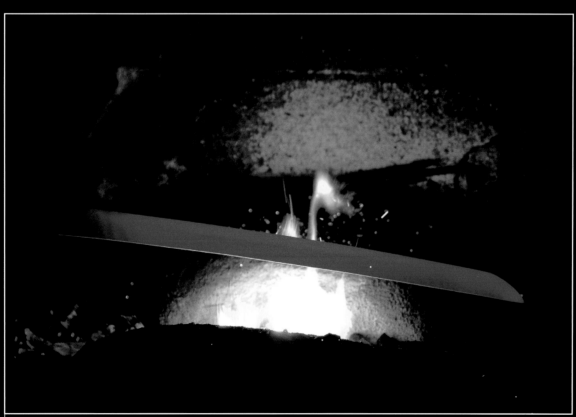

未敷土的刀身，刀刃朝上在爐中加熱，進行裸燒。細心加熱是這種做法成敗的關鍵。刀身是暗紅色，刀刃則明亮得多。淬火之前，刀刃應該加熱到攝氏750-800度；刀身則不應超過攝氏720度。

敷土的刀身進行燒入

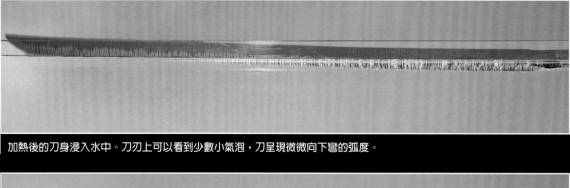

加熱後的刀身浸入水中。刀刃上可以看到少數小氣泡，刀呈現微微向下彎的弧度。

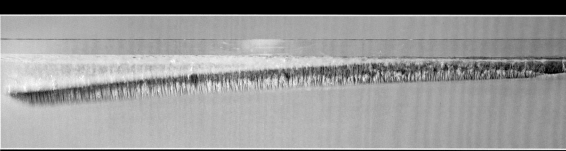

刀身入水後0.3秒。大部分氣泡沿著刃文區域分布，向上延伸到黑色和赭色燒刃土層的界線。這時刀身有明顯的鐮刀形弧度，刀條承受很大的應力。

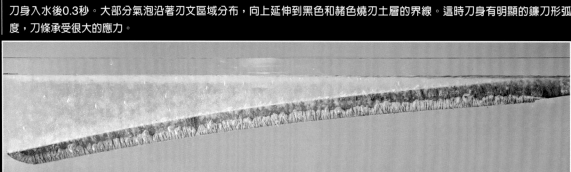

刀身入水後0.5秒。開始冷卻，但仍然有明顯的下彎。大部分氣泡仍然沿著刀刃分布，顯示刃文冷卻的速度比刀身其他地方快得多。

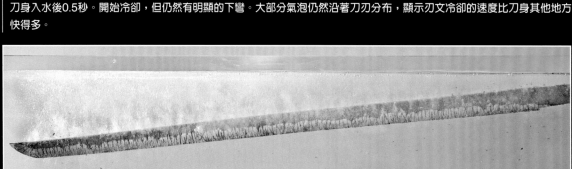

刀身入水後3秒。刀條幾乎完全冷卻，已經看不到大氣泡了。

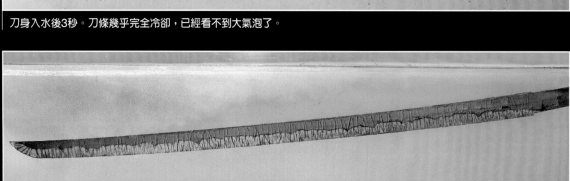

刀身入水後9秒。完全冷卻，恢復原來的形狀。刀身上幾處的黏土小塊剝落，有可能影響刃文。程序就此完成。

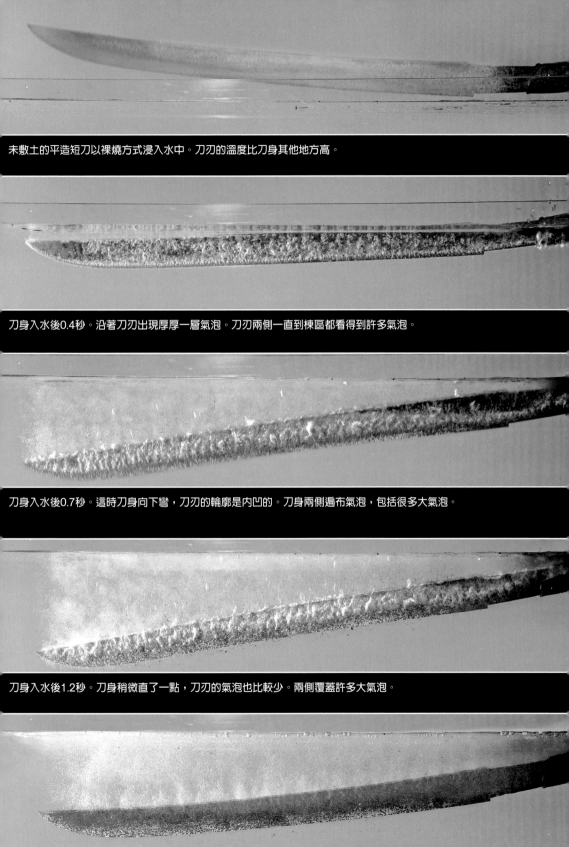

未敷土的平造短刀以裸燒方式浸入水中。刀刃的溫度比刀身其他地方高。

刀身入水後0.4秒。沿著刀刃出現厚厚一層氣泡。刀刃兩側一直到棟區都看得到許多氣泡。

刀身入水後0.7秒。這時刀身向下彎,刀刃的輪廓是內凹的。刀身兩側遍布氣泡,包括很多大氣泡。

刀身入水後1.2秒。刀身稍微直了一點,刀刃的氣泡也比較少。兩側覆蓋許多大氣泡。

拉直與清理

　　燒入和燒戾之後，刀匠必須檢視刀身，做出必要的矯正，使刀身完全筆直。一般來說，加熱和淬火的過程會候刀身產生一些變形與扭曲。刀匠把刀放在一塊木頭上，在需要拉直的地方鎚打。

　　刀身拉直之後，用水冷式砂輪或帶式磨床除去燒刃土和金屬屑，留下乾淨的表面。這樣也讓刀匠可以檢視新的刃文，檢查刀身上的瑕疵。燒入之後，刀身上常出現嚴重的瑕疵。前文提過，刀身可能彎曲，刀條表面可能綻開或形成浮起，或是刀身表面某處可能出現嚴重的裂縫。如果刀身順利通過燒入階段，刀匠就能開始進行下一個為刀身收尾的步驟。

反直（Sorinaoshi）：
調整弧度

　　燒入過程通常會在刀身隨機的位置上產生一些弧度，因此必須經過調整，最後刀身的「反」（sori，弧度）才可能均勻一致。調整時要考慮到一些因素，例如想要哪一種反，以及全刀反的深度和曲度。弧度中最突出可能在刀身中央（稱為「華表反」，toriizori），靠近刀莖的腰反，或靠近刀尖區域的「先反」（sakizori）。

　　第一步是拉直刀身上弧度太大的地方。做法是鎚打鎬地的表面，微微把棟延長，拉直刀身的小區域。這步驟必須謹慎進行，以確保鎚子不會打中刀刃，使易碎的加硬鋼出現缺損。

　　要讓刀身特定區域的弧度增加，靠的是加熱。有一種技術是利用一塊燒到紅熱的銅，銅塊的中央有一道溝，寬度足以

燒入之後，用水冷式砂輪來清理、修整刀身。

吉原義一沿著鎬地鎚打，把刀拉直。

製作有一道深溝的大銅塊。溝必須容得下刀背。

調整銅塊，使銅塊與刀背吻合。

容納棟。刀匠把銅塊加熱到攝氏700度左右，這時銅塊會轉成深紅色。刀匠把棟上需要多一點弧度的精確位置和銅塊相觸。棟和高熱的銅塊接觸時，會略微收縮，使刀身更彎。要讓同一區域的弧度更大，就要讓稍微不同位置的「棟」和鋼塊相觸。這個程序持續重複，直到獲得希望的弧度為止。刀匠藉著鎚打而拉直弧度太大的區域，藉著加熱而提高弧度，因此可以調整刀上任何一截的弧度。所以刀身最後實際呈現的弧度是由刀匠決定，而不是燒入造成的隨機結果。注意未開鋒的刀刃大約2公釐厚。如果拿開鋒後的刀來燒入，薄薄的刀刃會裂開。

除了熱銅塊，瓦斯槍也可用來調整

刀背放在高溫的銅塊上。刀條加熱的那一小塊區域會變黑。

刀上的第二點和銅塊接觸。

刀的第三點放在銅塊上。刀和銅塊接觸處會產生些許的弧度。三塊黑色的區域就是刀三次放在銅塊上的地方。

刀身弧度。方匠準備一盆水，用瓦斯槍加熱棟上的一小點。瓦斯槍加熱刀身處會產生些許的弧度。接著把刀身浸入水中淬火。之後再繼續沿著棟加熱，然後把刀身浸入水中冷卻，直到整體的弧度達到理想。

鍛造和熱處理完成，刀身弧度調整之後，刀匠就要清理、修整刀身表面，定出刀身上的每個線條，並且開鋒。這道程序是先用帶式磨床或水冷式砂輪，接著再用以水潤滑的粗砥石。砥石用來

每次刀加熱調整弧度之後都要浸到水中淬火。如果刀條溫度太高，可能有損刃文。

需要弧度處的棟用瓦斯槍加熱。冷卻刀身用的水就在旁邊。

棟用瓦斯槍加熱時的特寫。瓦斯槍加熱處的鎬地和棟變

吉原義一檢查刀身是否有變形或扭曲。

用扁頭的鎚子延展鎬地，打直刀尖區域附近的刀身。這樣做可以調整非常局部的區域。黑色區域是刀身增加弧度之處。

開鋒、磨出輪廓和刀身的其他線條，除去砂輪留下的所有粗糙痕跡和刮痕。刀匠使用二到三塊砥石，愈磨愈細（番數大約由120開始）。這個粗磨階段稱為「鍛冶研」（kajitogi，由刀匠進行的粗磨），完成之後，刀身上只會剩下很細的刮痕或痕跡，可以由專業的研磨師處理，研磨師為刀修飾，展現刃文和刀條的表面，利用各種技術使刀的外觀美觀、雅致。然而刀形在這階段已經十分完整，可以製作「鎺」（habaki，刀領）和「白鞘」（shirasaya，收藏用的刀鞘）了。經過這些步驟之後，刀身就會交給研磨師，進行最後的收尾。

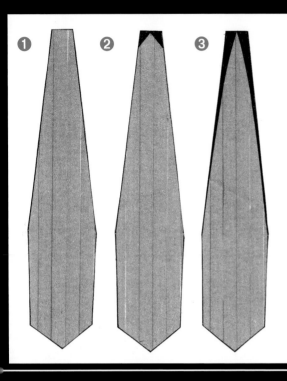

鍛冶研（kajitogi）

1. 這是鍛造結束、燒入完成之後的最終刀形。此時的刀刃必須很厚，以免刀在燒入過程裂開。

2. 刀經過研磨，產生銳利的刀刃（磨除陰影部分）。

3. 這是刀刃的最終形狀。刀身的兩側研磨出有弧度的橫切面，兩側的線條匯聚於開鋒的刀刃。注意刀身到刀刃研磨得很平滑，不留斜面。最後刀身橫切面的實際形狀取決於刀身的風格和刀匠希望的形狀。

　　鍛冶研開始時，通常使用水冷帶式磨床開始修整刀刃和刀身表面的輪廓。燒入後的鋼非常堅硬，這個步驟徒手操作非常困難。一開始先做出棟的表面，接下來讓鎬筋周圍的部分以及鎬地（鎬上方

的區域）成形。從刀身基部的棟區到小鎬（koshinogi，刀尖的起點）的鎬地寬度必須和刀的寬度成比例。刀莖的鎬地也必須成比例。

用水冷帶式磨床開始打磨刀身，由棟區開始朝刀尖打磨。注意有水滴到砂帶上，目的是冷卻刀身。如果刀身太熱，

處理從刃區到刀尖的鎬地表面。表面的厚度必須連貫，和刀身的寬度成比例。

刀匠會頻繁地仔細檢查刀身，不可有不平整的表面。成形之後，就開始鏨刃（taganeha，切出刃的斜面）。

鏨刃步驟進行中，刀刃兩側都切割到45度角。

刀尖區域的刃（ha）成形。

上面兩張圖是在刀的兩側做出鎬地。這個步驟定出刀身的「肉置」（nikuoki，橫切面）。

使刀尖區域和刀刃成形。有弧度的刀尖使用帶式磨床時，刀和砂帶的相對位置必須正確無誤。

帶式磨床使用完畢後，刀的完整細部形狀已成形。

完成最初的塑形之後，刀匠會切出銳利的斜刃，這個步驟稱為「鑿刃」（taganeha）。

磨床上砂帶的番數大約是80，非常粗，會在刀上留下深深的刮痕。下一步是徒手使用一系列更細的磨石將這些深刮痕磨掉，番數從200逐漸加到1000左右。所有的表面都要研磨，先磨棟，再來是鎬地、地和刃。這個程序完成之後，就可以製作鎺和鞘。

在砥石上研磨棟的表面。

研磨鎬地。

研磨切先（刀尖區域）。

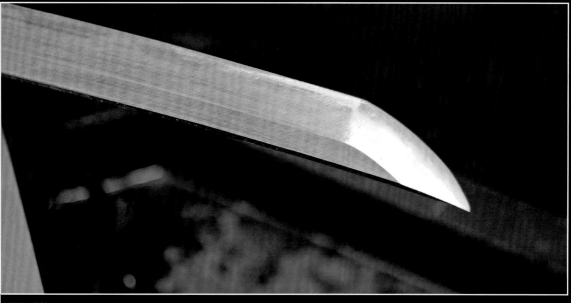

刀用番數240的砥石研磨。

樋與彫物：溝槽與雕花

樋：溝槽

粗磨之後，刀身就能加上雕刻或浮雕。最簡單的是「樋」（hi，溝槽），新刀時常加上這個特徵。溝槽可能是為了裝飾，或是讓刀比較輕。不過溝槽也能強化刀身。刀身挖掉鋼材做出溝槽之後，刀的剛性會更高。從橫切面看，刀身會變得像工字鋼梁，功能也類似。

溝槽常常做在刀身上半部靠近棟的位置，那裡的鋼比較軟，因此不會影響刀身靠近刀刃處的完整性或強度。刀匠會親自決定溝槽的寬度、長度和末端的設計，不過這類溝槽有幾個傳統的設計標準。

刻出溝槽之前，會用墨水在刀身上仔細地標示出位置，刀刃則貼上膠帶保護。刻溝槽用的是「鏟」（雙手鉋刀），鏟的刃是鈍角，以加硬鋼製成。鏟漸漸從刀面把鋼削掉，刻出溝槽。接著打磨溝槽末端，先用銼刀，再用砥石，使表面滑順平整。之後的打磨過程中，溝槽內會拋光成鏡面。一把新刀在兩側刻出溝槽可能要花三到四天。

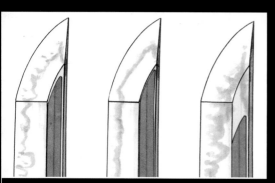

圖中是溝槽頂端的形式。左邊的溝槽結束於刀尖區域的小鎬之前；中間的溝槽延伸到小鎬線旁。右圖的溝槽則結束在橫手筋（Yokote line）和刀尖區域之下。

刀匠必需決定溝槽的位置、寬度和末端的設計。吉原義人的門生水木良一（Ryoichi Mizuki）小心地在準備切割溝槽的位置畫上記號。

水木良一開始用鏟（鉋刀）刻出溝槽。他從標示區域的中央開始作業，緩緩把血溝加寬、加深。過程中會用到幾種不同的鏟。刀刃和刀尖貼上膠帶加以保護。

用手持的小鑿子替溝槽收尾，刻到原先標記的墨線處。

溝槽內側用圓銼刀磨平修整。

溝槽的末端也用鑿子收尾，此處也必須乾淨整齊。

銼修之後，溝槽內打磨成非常平滑的表面。水木良一用一

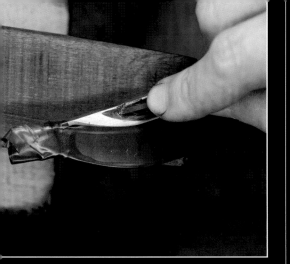

溝槽末端的內側再用細砥石清理。用砥石的時候要用煤油潤滑溝槽。

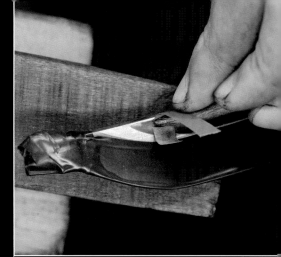

把更細的砂紙固定在竹片上,再次打磨溝槽末端。

裝飾性彫物

溝槽也屬於彫物（horimono，雕花）的一種，除了溝槽之外，刀身也常加上其他裝飾性的彫物。彫物的內容通常是傳統圖像，例如劍、龍、神明、佛教圖案、梵字（bonji，梵文）、漢字等等。這些圖像是用鎚子敲打各種尺寸的小鑿子雕刻而成。彫物內部的表面研磨得平滑細緻，在打磨的步驟拋光。製作彫物既艱難又費時；刀匠大多自己雕刻溝槽和簡單的梵字，更華麗的彫物則由專門的工匠製作。

吉原義人獨到之處是他親自製作所有的彫物。決定要用哪種圖像之後，他就仔細地在要雕刻的位置用毛筆畫上細緻的圖案，然後把彫物完成。理想的彫物比例適中，尺寸符合要雕刻的刀，並且刻在恰當的位置。

吉原義人細心地在刀身上畫出要雕刻的圖像——老虎。

利用曲線板畫出老虎的身形。

用非常細的鑿子雕出老虎的完整輪廓和細節。

吉原義人用鎚和鑿子加深彫物的線條和細節，從浮雕前端的虎掌和虎爪開始，一路往下刻。

虎爪的細節深深刻進刀面。彫物的內部線條和表面必須非常乾淨平整。

雕出後掌細節。

彫物不是平的，而是用陽刻的方式讓彫物浮現在刀的表面上。這件彫物進行到這裡，眼和頭已經浮現。

彫物的所有細節都刻在刀的表面以下。

吉原義人用非常細的鑿子,把彫物的表面雕到平整。這些特製鑿子的尖端都是他親自塑形的。

老虎的表面用小型手持鑿子修整。

彫物的所有內部表面都用細砥石打磨。

彫物的表面和輪廓已用鑿子修整滑順。

彫物的內部表面用一小條細砂紙磨光。砂紙用一小塊合成砥石固定、引導。

雕刻時固定刀身的檯鉗。表面塗了一層松脂和木炭製成的堅硬黑色黏膠。黑色表面用瓦斯槍微微加熱，再把刀壓上，這樣刀就能調整成方便雕刻的任何角度。

內部表面打磨光滑。彫物製成深浮雕，立體表面非常平滑。

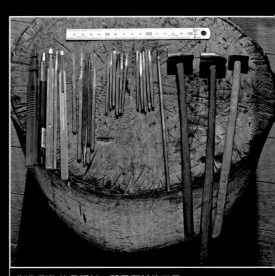

製作彫物的各種鎚、鑿子和其他工具。

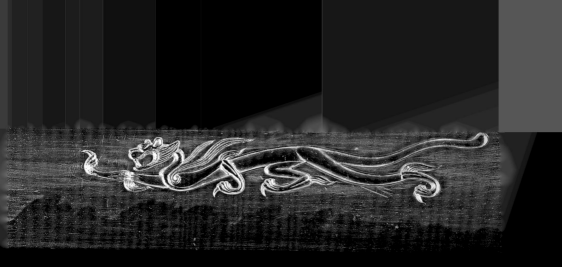

新刀上的虎形彫物，之後還會經過打磨。

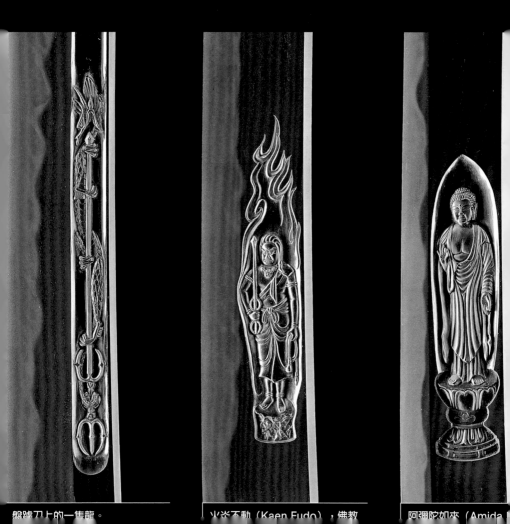

盤踞刀上的一隻龍。　　　　　火炎不動（Kaen Fudo），佛教　　阿彌陀如來（Amida

莖與銘切：銼修刀莖與落款

修飾刀莖

刀上的其他作業完成之後，最後的步驟是修飾刀莖、在刀莖上落款。先用鑢整理刀莖的表面、修整表面輪廓，再用銼刀打磨刀莖表面。銼刀會在刀莖上留下痕跡，稱為「鑢目」（yasurime），也是裝飾性的修飾。日本刀的刀莖有許多不同的鑢目紋路，不過吉原義人和學生用的鑢目是簡單的平行斜紋。刀莖的所有表面（地、鎬地和棟）必須分別銼修。刀莖粗略銼修之後，吉原義人再用更細的銼刀修磨，並用銅片引導，確保鑢目規則、均一，角度一致。

銼修後，在刀莖上鑽出一個洞，好讓「目釘」（mekugi，竹製鉚釘）穿過將刀莖固定在刀柄中，稱為「目釘穴」（mekugiana）。目釘穴內部和邊緣都以銼刀研磨。

用粗銼刀修飾刀莖。

用鑢清理、修整刀莖。

用細銼刀在刀莖上做出鑢目（裝飾性的銼刀痕）。吉原

刻上刀銘

鑽目釘穴（竹鉚釘孔）。

清理目釘穴內側和邊緣。

吉原義人用紅黑水寫下刀莖上的銘。刀銘「小鍛冶 義人」

修飾刀莖的最後一個步驟是刻上銘」（mei，簽名）。決定要刻的文字之後，就用毛筆寫上銘文。書法功力很重要，因為最後的銘文是用鎚和鑿子刻在刀莖上，而刀匠會緊貼著筆跡雕刻。銘文寫得好，就能刻出優美的銘，但如果字跡差勁，銘也會粗糙難看。所以這個階段需要兩種技巧：傳統書法的提字技巧，和用鎚與鑿子依筆跡做出永久刀銘的功力。

刻銘的工具是鑿子與鎚。刀匠可能用粗鑿子、細鑿子和重或輕的鎚子，因此做出的落款可能非常有刀匠的風格。每一段距離需要鑿的次數也不同。這些細節，加上刀匠個人的筆跡，就成了刀匠獨一無二的簽名。

這些照片上的刀銘是「小鍛冶 義人」（Kokaji Yoshindo，「刀匠義人」之意）。吉原義人使用的銘有很多種，包括「義人」（單純的名字）、「義人作」（由義人製作）、「高砂住義人作」（Takasago ju Yoshindo，居住在高砂的義人製作）等等。新刀的持有者常要求吉原義人刻上「持有者的銘」，這樣的銘包括持有者的姓名，可能也有持有者和他家族的其他資訊。

在刀莖上刻銘，用鎚和鑿子按照毛筆筆跡來刻

吉原義人的門生水木良一抓著刀，放平刀莖，讓吉原義人刻上刀銘。刀莖以適當角度平放在鉛塊上，刻銘的效果最好。

可以同時看到紅墨水提字和刻好的刀銘。鑿痕緊貼墨跡。

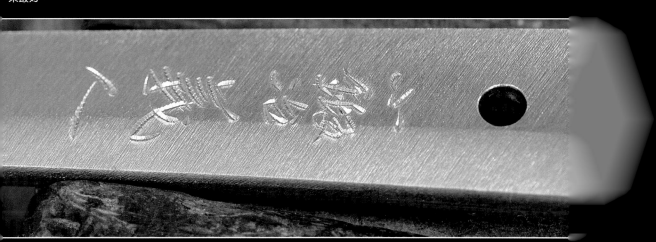

擦掉墨水之後，可以清楚看到剛刻上的銘。

刻刀銘的全套用具，包括木工作檯（一截樹幹）、鎚、鑿子、用來放置刀莖的鉛塊。

這幅研磨師工作的場景出自江戶時代的〈職人盡繪〉（Shokunin-Zukushi-e）系列畫作，這個系列描繪了工作中的各式傳統工匠，由喜多院收藏。經許可後翻印。

研磨、鋤金與刀鞘

第五章

修飾新刀
研磨、鎺金與刀鞘

高岩節夫以傳統研磨師的姿勢工作。高岩節夫是取得無鑑查資格的研磨師，也擁有「東京都無形文化財」保持者的頭銜。

研：刀的研磨

東京一間工坊裡一系列的砥石。

刀匠的工作完成之後，還要經過幾項作業，整把刀才算完工：刀要經過打磨；製作鎺（habaki），刀才能收進鞘（saya）；此外必須製作刀鞘來保護刀。

研磨需要熟習許多細節與技巧，因此需要很久的時間才能成為專業的研磨師。本節照片中的主角高岩節夫（Setsuo　Takaiwa）已有40多年的磨刀

打磨日本刀的工作幾乎和製刀一樣複雜；研磨師必須突顯出刀條表面所有細緻的結構和晶體要素，包括刃文和地肌（表面的紋路），同時必須做出功能效用兼具的外形。這項工作十分耗時──研磨師大約六、七成的時間都在突顯各種欣賞及評鑑刀與源流時必要的細節。

相較之下，修飾刀形和開鋒比較簡單，而且從前日本刀當武器用時，很可能不需要進一步打磨。不過證據顯示，鎌倉時代（1185-1333年）的研磨師就有能力把刀打磨到這些細節一目了然。鎌倉時代打磨技術想必非常進步，因為當時的刀匠要是沒有精細的鑑賞力，應當無法把刀做得那麼精緻。

研磨師使用一系列的傳統砥石，依序從粗砥石開始修整刀身，去除銼刀痕和刀匠作業的其他痕跡，最後用非常細的精磨石，展現出刀表面的所有細節和鋼結晶結構。更細的砥石會讓刀的表面比之前更滑順一點。不是所有刀在打磨時都使用完全相同的方式、砥石的種類或數量；每把刀都必須獨立看待。研磨師會依打磨的刀，判斷需要哪一種砥石。

研磨師原本只用天然砥石，從粗糙的花崗石到極為細緻的石灰石。但近代也開始使用人造砥石。現代人造砥石在前六、七個步驟非常有效。不過後半的程序必須使用傳統天然砥石，才能得到傳統的日式光亮表面。天然砥石和人工砥石在品質和細緻度上有些重疊之處。

不同砥石的用法各異。基礎打磨的起始步驟中，刀移動的角度和砥石垂直。中間步驟裡，刀則是斜向移動。其餘的基礎研磨和所有的修飾研磨（打磨切先時除外），刀在砥石上移動的方向和刀平行。許多時候，各步驟會依據刀身來選擇特定的砥石，因此研磨師的工作更加複雜。一系列的砥石選擇恰當，就能磨出愈來愈細的表面，儘可能突顯刀條上的結構要素，例如地肌和刃文。

打磨作業都會除去刀身上的金屬，強烈的打磨會使成品的外形變差。打磨太多，可能除去刀表面的皮鐵，曝露出心鐵的鋼芯。這種狀況的刀稱為「過度打磨」。如果刀需要強力打磨，研磨師會由最粗的砥石著手。如果刀的狀況還算不錯，研磨師可能從遠比較細的砥石開始。

打磨新刀身有兩個階段。「下地研」（shitaji-togi，基礎研磨）使用右頁表5列出的大塊粗砥石。在這過程中，砥石固定不動，將刀磨過砥石表面。第二階段「仕上研」（shiage-togi，修飾研磨）的工序列於右頁表6。在這階段裡，刀固定不動，用砥石磨過刀面。這些步驟會去除粗砥石留下的粗糙，強化刀表面的顏色和外觀，突顯地肌和表面的細節，做出醒目的刀尖區域，使刃文一目了然，和刀身形成醒目的對比，並且使鎬地和棟的表面呈現拋光的鏡面。

荒砥（Arato）	人造砥	用於新刀或狀況不佳的舊刀
金剛砥（Kongoto）	人造砥	用於新刀或狀況不佳的舊刀
備水砥（Binsui）	人造砥	用於新刀或狀況不佳的舊刀
改正砥（Kaisei）	人造砥	先斜向打磨，再縱向打磨
中名倉砥（Chu-nagura）	人造砥或天然砥	縱向打磨
細名倉砥（Koma-nagura）	人造砥或天然砥	縱向打磨
巢板砥（Suita）	天然砥	縱向打磨
內曇砥刃砥（Uchigumori-hato）	天然砥	縱向打磨
內曇砥地砥（Uchigumori-jito）	天然砥	縱向打磨

表5：用於基礎研磨的砥石。

現代人造砥石，用於打磨過程的起始階段。

天然砥石用於打磨過程的後段。砥石的細緻度從右到左遞增。最左邊的藍灰色砥石是程序中最細的砥石。

使用表5列出的粗砥石打磨之後，進行以下步驟。

步驟	材質	目的
刃豔（Hazuya）	內曇砥刃砥	去除大塊砥石留下的刮痕和粗糙表面
地豔（Jizuya）	鳴瀧砥	突顯地和鎬地
金肌拭（Kanahada nugui）	油中加入氧化鐵粉末	在刀身表面產生較深、較均勻的表面。
差込拭（Sashi-komi nugui）	油中加入磁鐵礦粉末	可代替金肌拭使用
刃取（Hadori）	內曇砥	打磨、打亮刃文區
橫手筋切（Yokotesuji-kiri）	內曇砥（如刃豔）	做出橫手筋
ナルメ（Narume）	內曇砥（如刃豔）	打磨刀尖區域
磨篦（Migaki）	磨篦（拋光刀）和磨棒（拋光棒）	讓鎬地和棟產生鏡面般的表面

表6：修飾研磨的步驟。

下圖中，高石師父站在研臺上，這是他進行研磨工作的木製平臺，經常要用水來潤滑並清潔刀和砥石的表面，因此工作區域很溼。為了排水，平臺的地面由工作檯面往下傾斜，前方有個排水溝。研磨師坐在低矮的凳子上，砥石放在前方的斜木塊上。研磨師用腳踩住砥石上的一個踏木（fumaegi，夾具），固

高岩節夫工作時的坐姿。右腳墊著一塊木頭，右腳跟踩住
踏木；左腳則用凳子支撐，左腳趾擱在踏木上。

高岩節夫坐在研臺的一張小凳子上。圖中可看到桶（oke，
水桶）、砥石和踏木（夾具）。

定砥石。許多細緻的砥石一旦承受太大
的壓力就容易裂開或產生裂痕，因此不
建議用強力的夾具。利用踏木可以隨心
所欲挪移砥石的位置，需要時也能輕易
更換砥石，同時避免損傷砥石。研磨師
以這種工作姿勢效率很高，工作時頭和
肩膀就在刀的正上方，因此能清楚看見
自己處理的狀況，並穩穩握住刀在砥石
上移動打磨。

　　用適當的方式握刀很重要。研磨師
要能把刀以適當的角度放在砥石上的正
確位置，才能準確判斷刀表面的哪一部
分會和砥石相觸，避免表面的哪些部分
在砥石上打磨過頭。為此研磨師會在刀
的一部分纏布來保護右手，左手則徒手
爪住刀身。高岩節夫左右手都有非常特
定的抓刀方式。

高岩節夫正在打磨一把脇差。刀上纏布保護他的右手，便於抓握，左手則赤手抓住刀身。他用非常固定的姿勢抓刀，因此能
準確判斷刀表面上和砥石接觸的確切位置。

這時在打磨刀背表面（棟）。高岩節夫會先磨完棟的一側，
再處理另一側。

高岩節夫打磨一把鎬造刀。抓刀的姿勢、位置，和打磨的方式，與先前處理脇差時相同。

高岩節夫正在打磨刀尖區域。刀尖區域是以和刀身縱向軸垂直的方向打磨，因此刀尖的表面比較白，和會反光的刀身形成強烈的對比。

確的刀尖區域。

217頁圖中處理的是一把鎬造刀，刀上有鎬，以及明確的刀尖。研磨時要把鎬地（鎬上方的表面）和鎬筋本身磨得鋒利清晰，鎬地表面則必須維持平坦。刀尖經過打磨，和刀的其餘部分形成對比，而刀尖必須線條分明，並把形狀修整到完善。

在刀尖和刀身用不同的方向打磨，有助於產生明顯的對比。刀尖打磨的方向，永遠都是和刀身的縱向軸垂直。刀身則從名倉砥開始，其餘一直到最後內曇砥的打磨，都和刀身縱向軸同向移動。表5列出的系列砥石用於下地研的基礎研磨，使用

時固定砥石，把刀在砥上磨勤。這個階段完成後就看得到刃文，且地鐵和地肌（刀條表面的質地和紋路），以及刀尖和刀形都完全成形。

打磨刀尖下方的刀身。現在刀尖和刀身的對比明顯多了。

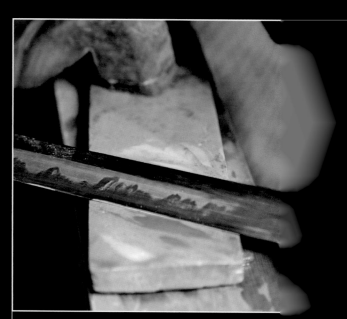

此時使用巢板砥（第一個使用的内曇砥）。刀紋的輪廓明顯，刀身上的刃文逐漸變得醒目。

高岩節夫打磨一把刀的刀尖區域。刀的全長（包括刀莖）超過1公尺，因此很難處理面積很小的刀尖區域。正確的抓刀方式是關鍵。

高岩節夫把刃豔砥切成小方塊，方便使用。有漆與和紙的那一面朝上。

修飾步驟

研磨師完成基礎研磨之後，即開始進行「仕上研」，也就是修飾研磨。接下來的這些步驟中，刀固定不動，用工具或研磨用具在刀上打磨。第一步是用「刃豔」處理所有刀刃和刃文，包括刀尖區域。研磨師必須自行製作刃豔。首先從一大塊柔軟的內曇砥刃砥上切下或削下非常薄的薄片，然後把這個薄片再磨薄，到大約紙張的厚度，接著把薄片的其中一面塗上漆（天然漆或現代的人造漆），把一張和紙放到潮溼的漆上，然後在和紙上再刷一層漆。如此就製造出薄而強韌的防水紙，然後再磨到大約1公釐厚，切成邊長約1-1.5公分的正方形小方塊。這些方塊會磨掉粗砥石在刀刃和刃文上留下的所有痕跡。最後的表面是均勻滑順的白。

研磨師由刀刃開始，每次處理5公分的區段，向上處理到刃文的界線，再往刀刃處理回來。每個區域要處理妥善，再開始下一個區域。從這階段起，處理刀時用來潤滑砥石的水中都含有碳酸鈉（蘇打），防止刀身在打磨時生鏽。

接下來用「地豔」（jizuya）處理地

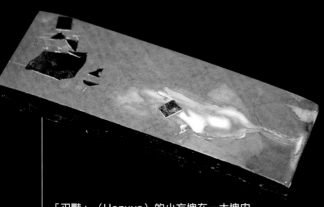

「刃豔」（Hazuya）的小方塊在一大塊內曇砥上打磨，直到很薄。小方塊砥石周圍的白色糊狀物稱為「とじる」（tojiru），是由水和刃豔粉末調合而成。

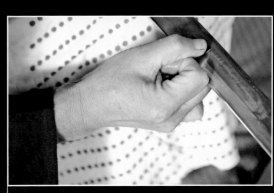

用刃豔（在照片中高岩節夫的大拇指底下）打磨刀身的一小塊區域。磨過之後的刀身表面出現均勻的白，刃文清晰。

高岩節夫用刃黶處理刃文和全刀的刀刃。過程中，砥石會磨損、溶解；刀上的白色糊狀物就是砥石的殘留物。

刃黶打磨過後，表面呈現均勻的乳白色。刃文和匀的線條非常清晰。

和鎬地。地黶從鳴瀧砥（narutaki-do）這種砥石上切割下來，鳴瀧砥比內曡砥刃砥更細緻堅硬；製作方式和刃黶相同。地黶使用得當，會突顯、美化地、鎬地和地肌（地的表面紋路）表面的外觀。研磨師由軟的地黶開始，逐漸換用較堅硬的；砥石硬度高，因此研磨師要提防砥石磨擦到刀的表面。研磨師至少用兩塊地黶處理「地」和鎬地，方式和刃黶相同，每次約處理5公分的區段，從刃文朝鎬地處理，然後調頭。

高岩節夫把一張和紙摺成八層，用來過濾「拭」，然後施用在刀上。

研磨師會用地鑑處...色砥棟和小鎬（刀尖區域的鎬地）。接著使用更硬的地豔，這時刀上的地肌也愈來愈清晰突出。

最後一個地豔步驟完成之後是塗上「金肌拭」（kanahada nugui），這是把非常細的氧化鐵粉末和其他成分的混合物加入丁香油所形成的懸浮液。這種細緻的研磨劑會改善刀表面的外觀和呈色。由於氧化鐵顆粒非常堅硬，而大顆粒可能讓刀留下刮痕，因此會用染紅的特製和紙過濾金肌拭。把紅色和紙摺成八層，金

...層夾倒的...砥的和紙。和紙底層接觸刀的表面，沿著刀身一路在接觸處留下「拭」（nugui）的紅印子。接著用一塊摺起的棉布把「拭」以一次5公分的區段塗抹在刀表面，從刀刃塗到鎬，再塗回刀刃，直到整把刀都塗過。「拭」使刀身表面呈現均勻而不反光的深色，進一步加強地肌。

塗完「拭」之後，用「刃取」打磨

這個容器中裝著...的混合物。紅色也是...細的氧化鐵。

每次和紙接觸刀，就會留下一個「拭」的印子。

分文，使刃更更白，和刃身形成強烈的對比。刃取的製作方式和刃豔一樣，是用同一類的內曇砥刃砥製成。不過刃取不過是切割成橢圓形，以便沿著刃文輪廓操作。和先前的步驟一樣，研磨師用刃取一區區仔細打磨刃文區域。一區修飾完成之後，就進行下一區，直到刃文全部打磨過。

　　接下來，研磨師會拋光鎬地和棟的表面，產生明亮如鏡的反射性表面。表面先用「角粉糊」（tsunoko　paste，混合獸角粉和水製成）清潔，然後乾燥。接

塗上「拭」之後，「地」的色調加深，刃文的輪廓非常明顯。

高岩節夫把刃豔切成小塊作刃取，之後用來打磨刃文。

高岩節夫用一塊內曇砥在溼的內曇砥石上磨擦，產生「とぎる」（tojiru）這種糊狀物，之後在打磨刃文時當作刃取與刀表面的潤滑劑。

著研磨師在表面撲上「水蠟粉」（ibota powder），這種從昆蟲身上得到的萃取物有助於拋光工具在鋼表面移動得更平順。之後擦掉粉末。拋光程序一開始用的是拋光刀，最後用拋光棒收尾。拋光刀和拋光棒都是用極堅硬的鋼製成。研磨師從刀莖先端附近開始拋光，逐漸延著刀身向上作業，每次拋光大約3-4公分的區域。完成鎬地的一側之後，就以同樣的方式拋光另一側。

　　最後階段是做出橫手筋，在刀尖區域精細磨光。這項作業需要全神貫注。完成之後，整個打磨作業就大功告成。

從刀刃側非常小心地打磨刃文。刃取在高岩節夫的右手大拇指下，周圍是白色的糊狀物。高岩節夫右手大拇指右方的刃文已用刃取打磨過，比之前潔白多了。

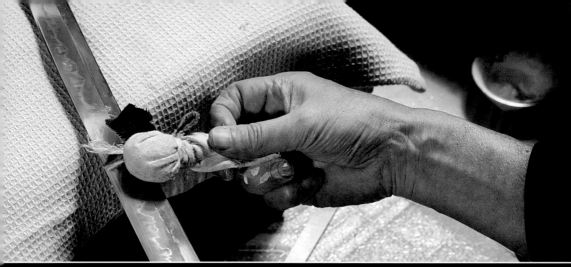

拋光刀之前，刀的表面先撒上一種細緻的蠟質「水蠟」粉末，作為拋光時的潤滑劑。

拋光的第一步使用磨篦（migaki-bera，拋光刀）。整個鎬地和棟每5公分為一個區段依次拋光。拋光刀下方是拋光過的區段。

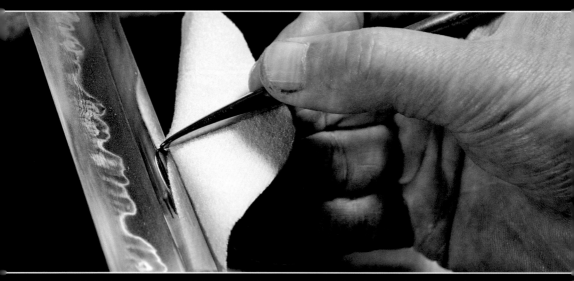

拋光的第二步使用磨棒（migaki-bo，拋光棒）。高岩節夫在手與刀條表面之間襯了一片棉布，保護刀條表面，讓拋光棒可以輕易移動。拋光棒周圍可以看到剛拋光的區域；拋光棒和棉布清晰地映在拋光過的表面上。

打磨切先

切先（kissaki，刀尖）的打磨必須和刀身做出區隔。帽子（Boshi，或譯鈲子，刀尖區域的刃文）應該非常清晰，而切先應該是的均勻白色霧面。此外，切先邊界的橫手筋和刀刃與刀背應該呈適當的角度。

度，堅硬的砥石無法觸及整個表面。而ナルメ台上薄薄的刃豔可以彎曲到足以包覆切先的整個表面。研磨師在ナルメ台上以刀身縱軸對角線的方向打磨刀尖到橫手筋的切先部分。切先完成之後，帽子一目了然，而打磨過的表面呈現均勻的霧面，和打磨過的刀身表面形成明顯的對比。

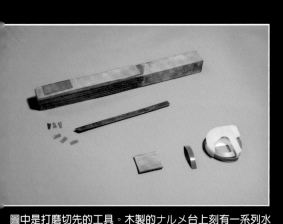

圖中是打磨切先的工具。木製的ナルメ台上刻有一系列水平的切口，使之有彈性。和紙與一片薄薄的刃豔置於ナルメ台上，刀在刃豔上移動時，砥石會貼合切先表面的輪廓。其他用到的工具包括做出橫手筋時用來移動刃豔的竹抹刀；正方形和多邊形的小塊刃豔用於打磨橫手筋內的區域；竹方塊是在做橫手筋時蓋住刀身；藍膠帶用來保護刀身，引導刃豔沿著橫手移動。許多研磨師只用一塊竹子，或在竹塊上貼膠帶，但高岩節夫打磨橫手時只用膠帶。

高岩節夫用藍膠帶蓋住刀身，標示出橫手筋。接著以和刀身縱向軸垂直的方向，用竹抹刀移動刃豔，在橫手內側產生細緻的霧面表面。橫手筋的另一側，刀身打磨過的表面則不處理。高岩節夫緊緊固定著膠帶，以免膠帶在過程中移動。

切先由於形狀的關係，很難磨得均勻，需要特殊的工具和技巧。做出橫手時，研磨師會用膠帶或一塊竹片引導，或作為保護。研磨師會藉著竹抹刀，把一小塊刃豔沿著線條的切先側磨動，直到形成橫手筋，做出切先的界線，同時橫手筋的切先側也出現約1公分寬的白色霧面表面。

橫手筋這時界線分明，沿著橫手約有1公分的切先已經打磨過。切先其餘的部分仍未打磨。

接下來，高岩節夫使用一塊窄長的木頭「ナルメ台」（narumedai）打磨其餘的切先。ナルメ台的前半部下方有一道道和表面水平的鋸痕，因此木頭很有彈性。研磨師在ナルメ台外包上八層和紙，並在紙上放薄薄一片刃豔，這工具的表面因此很有彈性，能朝任何方向彎曲。由於切先的表面從橫手到刀尖、從棟到刀刃都有弧

高岩節夫打磨切先其餘的部分。他小心地抓著刀，在ナルメ台的刃豔上磨動切先。切先從橫手筋到刀尖的部

鎺：刀領

日本刀的刀裝中包含一種特製的套環，叫做「鎺」（habaki）。鎺裝在刀莖頂部、打磨區域基部的地方，由刃區（hamachi，開鋒刀刃起始處的凹口）和棟區（刀莖頂部打磨過的後側表面起始處的凹口）提供支撐。鎺則支撐刀柄，可能是簡單的白鞘刀柄，也可能是有刀鍔的實用刀柄。鎺的末端收尖；先端最窄，朝刀柄的方向逐漸變寬。鎺還有另一個功能——日本刀的設計是靠著未開鋒的刀背滑進、滑出刀鞘，打磨過的表面完全不會接觸到刀鞘。刀身完全入鞘

一把裝有鎺的刀正要收入收藏用的刀鞘。注意鎺在最接近刀柄的部位最寬（右方）

時，鎺最寬處與刀鞘口密合，在鞘中固定刀身，以免開鋒的刀刃和打磨過的刀身表面碰到刀鞘內側的木頭。

從前的鎺通常是由刀匠團隊中的某個人製作。刀完成、打磨出最終的形狀之後，就會製作鎺。由於刀匠負責製刀，打磨出刀的最終形狀，因此鎺也由刀匠製作。最早的鎺來自平安時代（公元794-1185年）和鎌倉時代（公元1185-1333年），是用薄層的鐵打造而成，而鐵處理起來很困難。室町時代、安土桃山時代和江戶時代（公元1336-1867年），大部分的鎺是用銅、銀和銅合金製作，由專門處理軟金屬的工匠打造。這些專家也用銼刀、鑿和其他技巧製作裝飾漂亮的鎺，時常用金箔、銀箔或赤銅（一種銅金合金）箔包覆在銅鎺外側。

現代還是有製作鎺的專家。有些親手鍛造、把刀磨成最終形狀的刀匠也會製作鎺（但刀仍然必須交給研磨師進行最終研磨，突顯所有重要的細節，做出最後的外觀）。不論鎺和白鞘由誰負責製作，刀都有可能在過程中刮傷。為了避免這種情況，鎺和白鞘是在刀完全打磨完之前製作。

吉原一門的刀匠為他們的刀製作大量的鎺。吉原義人的所有學生都要學做鎺。本節照片中示範製作鎺的是吉原義人的門生水木良一。

鎺的製作流程

鎺的材質通常是銅或銅合金。決定鎺的大小之後，就從銅板切下大概尺寸的銅。

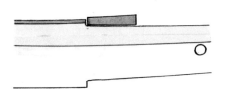

依據刀來決定使用的銅板厚度。鎺的厚度必須足以填補刀莖的棟表面和打磨過的棟表面上端（見上圖的陰影區域）。

由於鎺在刀尖端的邊緣厚度要小於刀莖端的厚度，因此要鍛打金屬，形成三角形的橫切面。

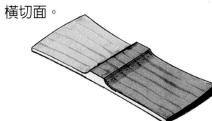

金屬經過鍛造（鎚打），使鎺中央的厚度明顯超過兩側。

用圓頭的棒子碾壓鎺的中央，使得鎺和棟接觸的表面微微凹陷。

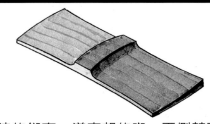

這時的鎺有一道突起的脊，兩側較薄，準備塑形包到刀莖上。

把鎺彎成U型，包覆到刀莖上。

鎺包覆到刀莖上之後，用銼刀進一步整形。開口處插入一小塊嵌件，並且焊合。刃區（開鋒的刀刃基處的凹陷）會抵著嵌件（下圖下方的陰影部分）。

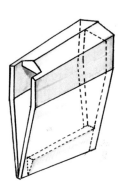

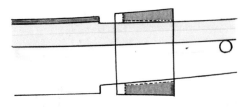

圖為鎺裝到刀上的情形。上方的陰影區域是鎺中央加厚的區域，下方的陰影區域則是嵌件，嵌件填補了刀莖和鎺外緣之間的空間。嵌件和加厚的中央部分抵著刀莖頂部的凹口，為鎺提供支撐，使鎺能固定刀柄。鎺的側面朝刀柄方向加寬，使鎺有楔子的功能，能讓刀密實地固定在刀鞘口。

鎺的鍛造

製作鎺的第一步是選擇材質，通常是銅、赤銅或「四分之一」（shibuichi，一種銀銅合金）。選好材質之後，就用鑿和鎚切下一塊來製作鎺。鎺的大小比例依不同的刀、年代、狀態和風格而有異。不過一般而言，鎺的高度大約是刀莖頂端處刀身寬度的70%。金屬塊要盡可能切成鎺的最終形狀，以減少事後的手續。

鎺的刀尖端遠比另一端薄，因此金屬塊切下之後，有一邊要鍛造打薄。因為事後再銼修會產生廢材，因此用鍛造的方式可以節省材料。不過鋼和銅合金等軟金屬有「加工硬化」（work hardened）的情形，也就是刀匠為了塑形而把金屬重複鎚打加工時，也會讓金屬變得愈來愈硬而難以塑形。為了解決這個問題，會把金屬加熱到發紅，然後浸入水中淬火，這時金屬會恢復原先的狀態，再度變得柔軟而能夠繼續鍛造。刀匠也會把末端收尖的金屬板塑形，使之中央厚、兩側薄；刀匠只鎚打金屬的兩側使之變薄，但中央部分不作鍛造。初步鍛造之後，中央的隆起應該十分清晰。

準備把鎺裝到刀上，鍛造出能包住刀莖的形狀時，鎺中央的隆起必須做成微微凹陷。這是鎚和圓頭棒做出的效果。凹陷的表面會做成鎺的內面，緊密貼合刀莖的棟。

從金屬板上切下製作鎺的金屬。

鍛打鎺，使鎺的一端比較薄。

把產生加工硬化反應的金屬加熱到紅色，然後冷卻。這時金屬會變軟，可以繼續鍛打。

鎺的金屬板一邊明顯較薄，橫切面逐漸變成三角形。

金屬中央維持原來的厚度，兩側鍛打成遠比中央薄。中央較厚的部分會包住刀莖的棟。

　　中央凸起部分妥善修整過後，下一步是開始把鎺彎成U形，包到刀莖上。用特製的鉗子夾住鎺的兩邊，凹成U字形。用來扭彎鎺的鉗子經過特別設計，可以用於質地柔軟的金屬；這些鉗子的鉗口平滑，沒有鋸齒或銼刀面，以免在金屬上留下痕跡。

　　接著是鎚打鎺，使鎺密合在刀莖上。如果無法緊密符合刀莖的形狀，就無法發揮支持刀柄的功能，讓刀穩穩地固定在刀鞘內。鎺在塑形時，會鍛打下緣，使之與刀莖的薄緣緊密吻合。刀刃很脆，因此在這階段裡，鎚子絕不能接觸或打中刀刃；硬化的刀身很容易缺口。因此鎺固定在刀莖上，刃區稍下方之處，讓鎚子遠離刀刃。塑形的初期，一些刀鎺師會用刀莖形的金屬條來減少實際刀身附近被鎚打的次數。鎚打塑形時，鎺的兩側會延展、變薄。多餘的材質會突出刀莖的薄緣，必須用珠寶鋸切掉。

中央的隆起明顯，隆起的寬度大約和刀的棟一樣寬。

用圓頭的粗棒把鎺中央的內面微微打凹。

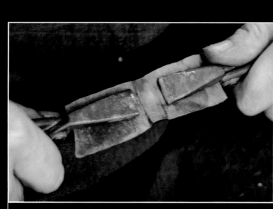

開始用鉗口平滑的鉗子把鎺彎成U型。

鎺彎成U型之後，包住刀莖的棟面，然後鎚打。鎺的內部必須緊密貼合刀莖的形狀。

接下來要閉合鋤的窄端。由於刀刃就在這個區域下，因此要另外切下一小塊橫切面呈三角形的金屬，這塊金屬的窄緣會成為鋤的外表面的一部分。不過這塊金屬比鋤短──會從鋤的底部向上延伸，填補其中的空間，抵著刃區，提高鋤的強度，使之足以支撐刀柄。

鋤的窄緣鍛打閉合。注意到鋤固定在刀身基部的刃區與棟區下大約1公分處。

鋤和小塊的金屬嵌件，這塊嵌件之後會焊入，使鋤閉合，穩固地靠著刃區（刀刃基部的凹口。）

用珠寶鋸切下鋤的開口端多餘的金屬。

鋤和開口端插入的金屬嵌件塑形之後，把嵌件用鐵絲固定，用銀焊料焊合。接著把鋤裝到刀上，小心地用鎚子輕敲，使之密合。基本上是使鋤延展而緊緊契合恰當的位置，也就是刀莖頂端

合到鋤的內部。

鎺包在刀莖上，細新鎚打整形，使之延展到恰當的位置。

銼修**鎺**最靠近刀尖處的表面。

銼修**鎺**最靠近刀柄處的表面。

鎺的修飾

鎺裝置到恰當的位置之後，外側用銼刀修磨。修整所有表面時，首先使用粗糙的大銼刀，逐漸進展到較細的銼刀。所有的刮痕和瑕疵都要去除，鎺必須有非常細緻滑順的表面，才能產生最終期望的光澤。

表面夠平滑時，就能開始製作裝飾性的工作。這章展示的鎺，修飾工序包括染黑和製作棟與刃側的金箔表面。首先，小心地清理表面，然後折起金箔，以便吻合棟和刃的表面。（232頁的鎺旁邊就是要貼在棟表面的金箔）。折起的金箔片用鐵絲固定。接著把鎺加熱，使用銀焊把金箔固定到位置上。

接下來，鎺經過銼修，除去多餘的黃金，並且在焊合之後清理表面。裝飾性的銼刀痕也在這時製作。然後所有的表面都用用溼的朴木炭清理。朴木炭質地軟，因此能清理柔軟的金屬表面，而且不會留下刮痕。把著鎺用乾淨的棉布擦拭，用肥皂和水洗過。在這個步驟之後就不能用手直接觸碰，以免表面沾上油和鹽分。

這幾頁裡的鎺還要經過最後的銅綠化

把鎺的兩側銼修平滑。

（patination）步驟，把鎺浸泡在非常高溫的硫酸銅和氧化銅溶液20-30分鐘，溶液維持在接近沸點，以免產生氣泡和泡沫。處理結束時，赤銅表面會完全變黑，但金不會受到影響。完成後，鎺的表面呈現漆黑光澤，棟和刃的表面則是金黃色，上面有裝飾性的斜向銼痕。

修飾、裝飾鎺的方式很多。233頁最下方列出幾個例子，說明如下：

A. 鐵鎺。

B. 二件式的鎺，貼有金箔。上層的部分置入較寬的下層。下層刻上「紋」（mon，家紋）。

C. 一件式銅鎺，貼有金箔。金箔上有華麗的銼刀飾面。

D. 打磨過的赤銅鎺，棟和刃部表面貼有銼過的金箔。類似本章製作的鎺。

銼修鎺的側面。

銼修鎺的上部表面。鎺的窄端可以看到嵌件的前端，這部分之後會抵著刃區。

鎺塑形完畢，所有表面都乾淨平滑。鎺雖然看起來像銅製的，但其實是赤銅這種金銅合金。之後再把金箔焊上鎺的棟面。

金箔用鐵絲固定位置。

朴木炭泡水，用來清理鉋的表面。

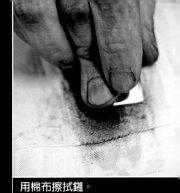

用棉布擦拭鉋。

加熱鉋。棟和刃的表面貼有金箔。

以軟質朴木炭清理鉋的赤銅和黃金表面。進行最後這幾個步驟時，鉋是固定在木刀上。

鉋浸泡在硫酸銅和氧化銅的熱溶液裡，使鉋的表面呈現泛黑的透亮光澤。

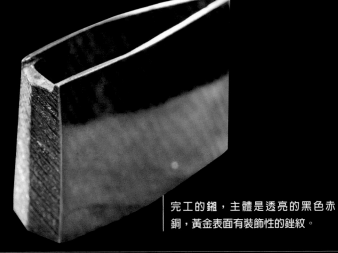

完工的鉋，主體是透亮的黑色赤銅，黃金表面有裝飾性的銼紋。

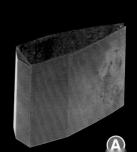

Ⓐ

Ⓑ

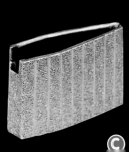

Ⓒ

Ⓓ

白鞘：收納用的刀鞘

刀完成之後，需要刀鞘和刀柄來存放、保護。從前所有的刀都為了實用目的而裝上具有實際功用的「拵」（koshirae）。不過現代，新製的日本刀開始使用未染色、未拋光的木頭製成簡單的刀鞘。這種鞘稱為「白鞘」（shirasaya），都是隨刀訂製。新刀製成，在完成拋光之前，會先打造鎺、安裝上去，然後製作白鞘。如果持有者想要使用那把刀，或是用完全傳統的方式製作刀裝，就必須委託一群工匠來製作拵。

白鞘外形是優雅的八面體，為刀提供簡單雅緻的保護，製作白鞘的工匠技術純熟。白鞘完全用傳統工具製作。本章製作鞘的工匠是奧村忠雄（Tadao Okumura，音譯），工作地點位於東京葛飾區的高砂，鄰近吉原義人和高岩節夫的工坊。

傳統的鞘是由朴木製作，這是木蘭科中一種比較軟的硬木。木頭必須風乾，完全乾燥之後才能製作鞘。如果木頭中殘留任何水分，可能使收藏在鞘裡的刀身生鏽。

每個鞘都用鑿子挖空，仔細吻合，讓刀只需沿著光滑的後背滑動而收進刀鞘、拔出。白鞘外側用刨刀修整，以朴木打磨，有時最後會塗上「水蠟」這種從昆蟲身上提煉的蠟質粉末。絕對不能使用砂紙；要是砂紙上的一小粒砂落入鞘內，每次刀拔出或收刀入鞘時，刀身就會刮傷。

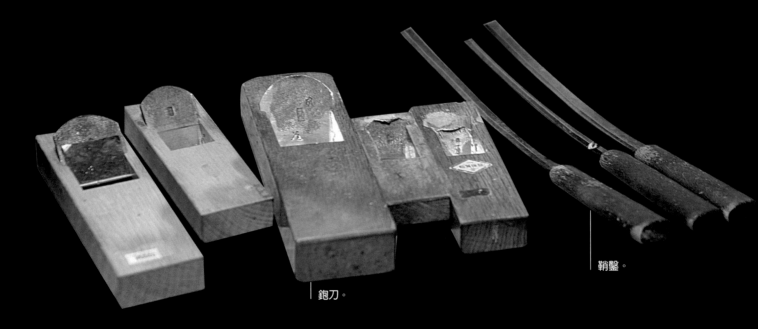

鉋刀。

鞘鑿。

用軟芯鉛筆在一塊熟成的厚木板上標記刀的輪廓。

製作白鞘

　　錭完成之後，就可以開始製作白鞘。這階段通常在刀打磨到一定程度時開始，這樣既能確認刀最終的形狀，在製鞘時在刀身留下的任何擦痕或損傷，也加強打磨而除去。為新刀製作白鞘通常大約需要兩天。「鞘師」（sayashi，刀鞘製作者）使用的是西方木匠可以輕易辨識的工具，主要是鑿子、刨刀和各種形狀大小的小刀。日本木匠坐在地上作業，時常用一段樹幹當作這種作業的工作檯面。

　　製作鞘的第一步是選擇一塊徹底風乾、陳放過的木頭。注意上圖中的木頭非常厚。用軟芯鉛筆在木頭表面標記刀的輪

稱為「切出」的小刀。

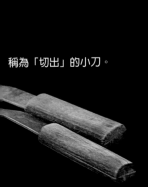

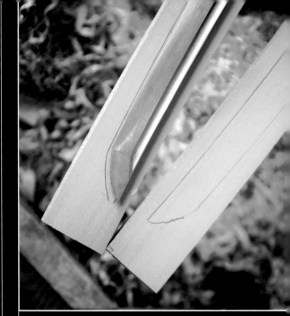

木塊切割成鞘的粗略形狀，剖成兩半，等內部挖掉之後再黏合。奧村忠雄在刀鞘胚上畫出刀的輪廓。

刀的輪廓小心地標記在兩半的刀鞘胚上。

奧村忠雄在鞘的頂部畫線標記，決定鞘的頂部位置。接著標出分割刀柄和刀鞘的位置。

廓：這些尺寸會用來判斷一開始要切割的約略形狀。接著把這塊木頭縱向剖開；鞘會用這兩半木頭製作，最後黏在一起。

決定鋤的位置之後，鞘師會再度裁切木頭，裁成要製成刀柄和刀鞘的部分。由於木頭已經縱向切成兩半，因此有兩塊

長形的木頭作刀鞘，兩塊較短的木頭作刀柄。用「鉋」（kanna）來刨平木頭的內外表面之後，刀的位置小心地用軟芯鉛筆標記在每塊木頭的內側表面。鞘的內側會挖空來容納刀身，要確保挖出足夠的空間，以免刀尖和鞘前方的木頭接觸而受損。

從刀鞘胚切下刀柄。

刀的整個輪廓都用「切出」刻下。

處理鞘內部的棟面。

鞘内的空間變深了。

鉛筆線標示著放置刀的位置，用「切出」（kiridashi）這種小刀刻劃鉛筆線，準備刻出容納刀的空間。接著用有弧度的「鑿」（nomi）削出將來會貼著刀身棟側的區域。輕削幾次之後，鞘內開始形成淺淺的凹陷。鞘師用寬鑿子重複刻鑿，加深刀身的空間，並且讓表面平滑。

奧村忠雄削整鞘內，使表面極為平滑。

檢查刀在鞘中是否密合。注意刀尖下面刻了一個方型的凹口。這是為了在鞘內留下空間，讓多餘的油可以積在這裡。

作業謹慎而緩慢，因此刨過的表面依舊非常平滑均勻。在鞘內挖出刀的輪廓之後，預備用來容納棟的空間會深深凹陷，而容納刀刃的空間則相當淺。

　　鞘師在作業過程中會時常把刀放進鞘裡，確認刀和凹陷吻合。為了檢查磨擦處或鞘內有沒有不均勻的接觸點，鞘師會在刀身抹上薄薄一層油，把刀插入鞘中。刀和木頭接觸的地方會留下醒目的痕跡，顯現出需要再削下的地方。用鑿子處理過後，鞘師會進一步用「切出」逆著木紋把木頭削下、整平。鞘的兩半都完成這個步驟之後，就有充足而平整的空間讓刀順暢

小心刻出刀尖的空間。

修整鞘內部的棟側。

用來把鞘的兩半黏合的「續飯」是用米飯做成。

把米飯壓成糊狀，做成漿糊。

在漿糊中一次加入一滴水，直到黏稠度恰當。

地插入、拔出，不會損傷刀身。

挖好鞘內空間之後，就裝上鎺。鎺的上面三分之一（最寬的部分）必須緊緊與鞘口密合，作為楔子讓刀穩固。這處空間必須非常仔細地刻鑿，以確保密合。鞘師用一把鑿和「切出」做出以恰當幅度開展的空間，能和鎺完美契合。

到了這個階段，就可以準備黏合鞘的兩半。黏合使用的是「續飯」（Sokui），也就是漿糊。漿糊是日本非常傳統的黏膠，今天製鞘時使用漿糊是出於非常實際的理由。雖然漿糊的黏度要固定白鞘非常足夠，但另一方面也夠脆弱，這樣未來需要清潔白鞘內部時，可以強行分開白鞘的兩半，之後再次用漿糊黏合。這樣的考量很重要，因為刀必須定期清潔、上油，預防存放時生鏽。油會在鞘內逐漸累積，終究可能有灰塵跑進油裡，在刀身拔出、重新放回鞘中的時候刮傷刀身。刀重新打磨的時候，可能會製作新的白鞘。或是打開現有的白鞘，清潔之後重點黏合，確保白鞘可以妥善保護刀。

製作漿糊的程序是把隔夜的米飯用抹刀壓成糊狀，一次加入幾滴水，直到混合物滑順，達到適當的黏稠度。然後用竹

調配完成的漿糊，準備用來黏合刀鞘。

用一把竹抹刀把漿糊抹上要黏合的表面。

奧村忠雄把漿糊抹上刀柄的表面。

兩半黏合時，內側位置務必正確。奧村忠雄正在把鞘的兩半綁在一起，以免滑開。他面前桌上的兩半刀柄已經綁妥。

綁住兩半鞘的繩子必須綁得非常緊，使表面密合無縫。

兩半的鞘綁在一起之後，放置一夜，等將糊陰乾。

抹刀把漿糊抹到要黏合的表面，把鞘的兩半併起來，用繩子綁在一起，放置隔夜，等到漿糊乾燥。刀柄的兩半也用同樣的方式黏合。

鞘的兩半黏合之後，下一步就是使鞘頂部和刀柄底部的表面完全平坦而能吻合，在刀收在鞘中時防止灰塵進入。這個步驟使用特製的研磨塊，以「木賊」（tokusa）當作研磨面。把一段段木賊煮過、切成薄片，然後用漿糊黏到木塊上，就成了研磨塊。木賊堅韌而有突起，但不像砂紙會留下砂粒，因此是製作鞘的理想選擇。

這時刀要放在鞘內，刀柄也裝上。刀入鞘之後，就開始修飾白鞘的表面。首先用大型鉋刀，接著逐一使用愈來愈小的鉋刀。進行過程中，刀鞘表面的所有瑕疵和磨損處都會去除，清晰顯露出刀鞘的八

奧村忠雄用木賊研磨塊，讓刀鞘口和刀柄基部完美吻合。

奧村忠雄這時使用比較小的鉋刀。刨屑變得比較細，刀鞘表面也比較平滑。

奧村忠雄在工坊中刨製刀鞘。左邊正在熟成的大木板最後也會用於製作刀鞘。

奥村忠雄修飾刀鞘，確認整個刀鞘從頭到尾的線條和表面筆直連貫。

上下表面做出細緻的斜面。

用木賊研磨塊來修整刀柄。柄頭的表面這時已修出圓弧狀。

用木賊研磨塊清理表面，做出細緻的表面觸感。

個面。製鞘師從刀鞘一頭向另一頭作業，突顯、修直所有線條與表面。鞘的刀刃側和棟側用木賊研磨塊磨出略呈圓弧的形狀。

最後，整個表面用兩種不同的木賊研磨塊打磨──先用新的，再用舊的，舊的會磨出比較細緻的表面。之後整個表面

把「切出」做出斜面。

鞘修整、收尾完畢之後，最後要做出讓目釘在刀柄中固定刀莖的洞。做法是移除刀柄，刀留在鞘內，鍖的頂部和鞘口齊平。刀柄的邊緣對準鞘口，因此能決定目釘穴（刀莖上的洞）的位置，精準地在刀柄的木頭上做記號。打洞時用的是一小把手鑽。開始鑽洞之後，刀柄再套回刀莖上。製鞘師打洞穿過刀柄一側、刀莖和刀柄的另一側。接著用椎狀的手鑽把洞挖大，使洞一側大、一側小。目釘本身也是錐狀，因此能牢牢契合。洞打完要銼修，使之平滑。接著從竹子上削下目釘，銼修滑順，然後插入目釘穴，固定刀身。

開始在白鞘的刀柄上鑽出目釘穴。

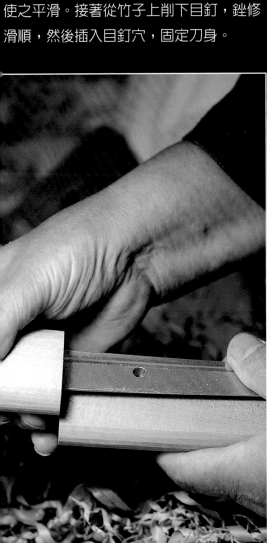

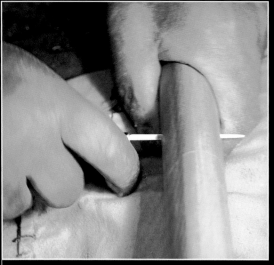

用尖頭手鑽挖出大小適中的目釘穴。

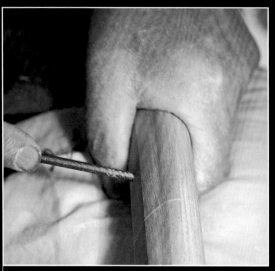

銼磨目釘穴。

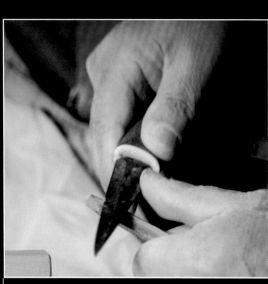

奧村忠雄開始用「切出」削製目釘（竹鉚釘）。

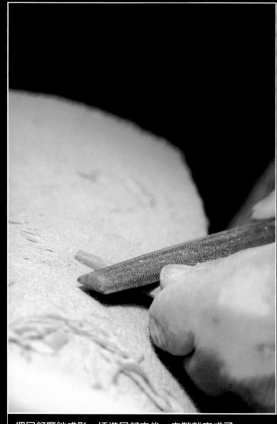

把目釘磨銼成形。插進目釘之後，白鞘就完成了。

奧村忠雄檢視完工的白鞘。朴木非常軟，因此奧村忠雄在工作檯上鋪了厚布，以保護刀鞘。

為脅差製作的白鞘。全長約50.5公分，白鞘隨著脅差的刀姿形成優美的線條。

為短刀製作的白鞘。全長約30公分。相對於它的長度來說，這把短刀的寬度算是很寬，這副白鞘也反映了這種罕見的刀姿。

日本年號與公元紀年

公元1159年至今

日本歷史通常會以文化或政治觀點下具有重要性的主要時代為背景來討論。例如日本貴族社會是在平安時代發展到極致，接下來的鎌倉時代則是在一百多年中建立了穩固的封建基礎。

不過這些是現代的區分。自7世紀起，日本就以「年號」來紀年。年號通常和天皇在位期間重疊，以天皇為名。在現代之前，年號也反映了吉兆或天災，這些事件開啟了一個時期，因此成為年號命名的依據。

平安時代（Heian period）

年號	日文拼音	公元紀年
平治	Heiji	1159
永曆	Eiryaku	1160–61
應保	Oho	1161–62
長寬	Chokan	1163–64
永萬	Eiman	1165–66
任安	Nin-an	1166–68
嘉應	Kao	1169–70
承安	Shoan	1171–74
安元	Angen	1175–76
治承	Jisho	1177–80
養和	Yowa	1181–82
壽永	Juei	1182–84
元曆	Genryaku	1184–85

鎌倉時代（Kamakura period）

年號	拼音	公元紀年	年號	拼音	公元紀年
文治	Bunji	1185–89	建長	Kencho	1249–55
建久	Kenkyu	1190–98	康元	Kogen	1256–57
正治	Shoji	1199–1200	正嘉	Shoka	1257–58
建仁	Kennin	1201–03	正元	Shogen	1259
元久	Genkyu	1204–05	文應	Bun-o	1260
建永	Ken-ei	1206–07	弘長	Kocho	1261–63
承元	Shogen	1207–10	文永	Bun-ei	1264–74
建曆	Kenryaku	1211–12	建治	Kenji	1275–77
建保	Kenpo	1213–18	弘安	Koan	1278–87
承久	Shokyu	1219–21	正應	Sho-o	1288–92
貞應	Joo	1222–23	永仁	Einin	1293–98
元仁	Gennin	1224–25	正安	Shoan	1299–1301
嘉祿	Karoku	1225–26	乾元	Kengen	1302–03
安貞	Antei	1227–28	嘉元	Kagen	1303–05
寬喜	Kanki	1229–31	德治	Tokuji	1306–07
貞永	Joei	1232–33	延慶	Enkyo	1308–10
天福	Tenpuku	1233–34	應長	Ocho	1311–12
文曆	Bunryaku	1234–35	正和	Showa	1312–16
嘉貞	Katei	1235–37	文保	Bunpo	1317–18
曆仁	Ryakunin	1238–39	元應	Gen-o	1319–20
延應	Enno	1239–40	元亨	Genko	1321–23
仁治	Ninji	1240–42	正中	Shochu	1324–25
寬元	Kangen	1243–46	嘉曆	Karyaku	1326–28
寶治	Hoji	1247–48	元德	Gentoku	1329–31

南北朝時代（Nanbokucho period）

北朝

年號	日文拼音	公元紀年
元德	Gentoku (3)	1331
正慶	Shokyo	1332–37
曆應	Ryakuo	1338–41
康永	Koei	1342–44
貞和	Jowa	1345–49
觀應	Kan-o	1350–51
文和	Bunwa	1352–55
延文	Enbun	1356–60
康安	Koan	1361–62
貞治	Joji	1362–67
應安	Oan	1368–74
永和	Eiwa	1375–78
康曆	Koryaku	1379–80
永德	Eitoku	1381–83
至德	Shitoku	1384–86
嘉慶	Kakei	1387–88
康應	Ko-o	1389–90
明德	Meitoku	1390–93

南朝

年號	日文拼音	公元紀年
元弘	Genko	1331–33
建武	Kenmu	1334–35
延元	Engen	1336–39
興國	Kokoku	1340–45
正平	Shohei	1346–69
建德	Kentoku	1370–71
文中	Bunchu	1372–74
天授	Tenju	1375–80
弘和	Kowa	1381–83
元中	Genchu	1384–92

室町時代（Muromachi period）

年號	日文拼音	公元紀年
應永	Oei	1394–1427
正長	Shocho	1428–29
永享	Eikyo	1429–40
嘉吉	Kakitsu	1441–43
文安	Bun-an	1444–48
寶德	Hotoku	1449–51
享德	Kyotoku	1452–54
康正	Kousho	1455–56
長祿	Choroku	1457–59
寬正	Kansho	1460–65
文正	Bunsho	1466–67
應仁	Onin	1467–68

年號	日文拼音	公元紀年
文明	Bunmei	1469–86
長享	Chokyo	1487–88
延德	Entoku	1489–91
明應	Meio	1492–1500
文龜	Bunki	1501–03
永正	Eisho	1504–20
大永	Taiei	1521–27
享祿	Kyoroku	1528–31
天文	Tenmon	1532–54
弘治	Koji	1556–57
永祿	Eiroku	1558–67

一個年號開始、結束的年份，和開啓和下一年號的事件有關，而和現代的記年沒有直接關係；因此某一年可能既是一個年號時期結束那年，又是下一個年號時期開始那年。本節的年代表可供對照年號的紀年和現代紀年。

近代始於1868年的明治維新，日本從此採用「一世一元」的系統，只有新天皇繼位時才更改年號。因此到目前為止，近代年號的期間（明治、大正、昭和與平成）都等於每位天皇的在位期間。

有刀銘的刀上，完工日期是以某某年某月的格式銘刻。對日本刀迷而言，對照表十分方便，可以辨別一把刀的製作年份，進而了解歷史背景。

年號	拼音	公元紀年
永祿	Eiroku (2)	1558–67
元龜	Genki	1570–72
天正	Tensho	1573–91
文祿	Bunroku	1592–95
慶長	Keicho (1–5)	1596–1600

江戶時代（Edo period）

年號	拼音	公元紀年	年號	拼音	公元紀年
慶長	Keicho (8–19)	1603–14	延享	Enkyo	1744–47
元和	Genna	1615–23	寬延	Kan-en	1748–50
寬永	Kan-ei	1624–43	寶曆	Horeki	1751–63
正保	Shoho	1644–47	明和	Meiwa	1764–71
慶安	Keian	1648–51	安永	An-ei	1772–80
承應	Sho-o	1652–54	天明	Tenmei	1781–88
明曆	Meireki	1655–57	寬政	Kansei	1789–1800
萬治	Manji	1658–60	享和	Kyowa	1801–03
寬文	Kanbun	1661–72	文化	Bunka	1804–17
延寶	Enpo	1673–80	文政	Bunsei	1818–29
天和	Tenna	1681–83	天保	Tenpo	1830–43
貞享	Jokyo	1684–87	弘和	Koka	1844–47
元祿	Genroku	1688–1703	嘉永	Kaei	1848–53
寶永	Hoei	1704–10	安政	Ansei	1854–59
正德	Shotoku	1711–15	萬延	Man-en	1860–61
享保	Kyoho	1716–35	文久	Bunkyu	1861–63
元文	Genbun	1736–40	元治	Genji	1864–65
寬保	Kanpo	1741–43	慶應	Keio	1865–67

近代

年號	拼音	公元紀年
明治	Meiji	1868–1912
大正	Taisho	1912–1926
昭和	Showa	1926–1989
平成	Heisei	1989–至今

謝誌

　　本書的三位作者先前寫過一些日本刀的書籍，不曾想過就這個題目再寫一本書。不過遠赴義大利（在佛羅倫斯的巴傑羅國立博物館〔Bargello National Museum〕，以及佛羅倫斯附近地區）示範製刀幾次之後，薩維歐羅出版社（Saviolo Edizioni）的保羅・薩維歐羅先生和我們接洽，提議再寫一本日本刀的專書。這似乎是一項很值得嘗試的事，尤其是作品將以全彩印行，篇幅不限。這是個好機會，可以寫一本大書，用詳盡的章節涵蓋日本刀的保養與鑑賞，敘述傳統日本鋼的歷史和生產過程，有一章可以深入解說日本刀的製作，並且描述其他負責修飾刀身、製作刀裝具的工匠。全書的寫作進展緩慢，歷時數年（這種慢如冰川移動的速度多少要歸功保羅・薩維歐羅，因為他從不為作者訂下任何期限）。

　　這本書的製作過程得到許多幫助，作者群希望表彰他們的貢獻。踏鞴章節由日本島根縣和鋼博物館（Wako Museum）館長八十致雄（Muneo Yaso）執筆。踏鞴的照片由和鋼博物館和藤森武（Takeshi Fujimori）提供。其餘照片皆由阿藍・康普（Aram Compeau）和吉原義一（Yoshikazu Yoshihara）拍攝。古代重要日本刀的押形由田野邊道宏（Michihiro Tanobe）提供，91頁的短刀押形則由苅田直治（Naoji Karita）製作。黑白及彩色繪圖出自吉原義人的門生水木良一（Ryoichi Mizuki）之手。現代刀（gendaito）的照片由阿藍・康普和吉原義一拍攝。

　　作者群由衷感謝以下單位同意本書使用他們的作品。封面和封底裡的畫作來自中仙道博物館（Museum Nakasendou）的館藏。第1頁的畫來自喜多院的收藏。第2頁描繪踏鞴的畫來自木原明（Akira Kihara）的收藏。53-57頁的小道具是松永廣吉（Hirokichi Matsunaga）的收藏。58-63頁的拵是日本美術刀劍保存協會（NBTHK）的收藏。也要感謝犬塚常行（Tsuneyuki Inuzuka，音譯）提供84頁水清子正秀的畫像（Suishinshi Masahide），以及森政弘（Masahiro Mori）製作了120頁吉原義人的人偶。

　　這本書的誕生，要感謝保羅・卡梅里（Paolo Cammelli）和保羅・薩維歐羅的堅持不懈。保羅・卡梅里在協助義大利和美國的溝通時幫了非常大的忙，並且幫忙組織作者與出版社的成果。作者分別住在美國加州與日本，出版社則位於義大利，使這項任務更加艱鉅。

　　作者群很感激有機會拍攝吉原家族製作的刀，並感謝阿藍・康普、杜恩・漢森（Duane Hanson）、索爾・海因（Thor Heine）、金夏（Xia Jin，音譯）、道格拉斯・路易（Douglas Louie）、里歐・曼森（Leo Monson）、詹姆士・中筋（James Nakasuji）、蓋兒・龍神（Gail Ryujin）、詹姆斯・山德勒（James Sandler）、韋恩・四條（Wayne Shijo）、休伯特・曾（Hubert Tsang）和摩根・山中（Morgan Yamanaka）的貢獻。尤其感激韋恩・四條和道格拉斯・路易檢閱手稿、察覺無數錯誤的編輯功勞。

　　希望本書能幫助對日本刀有興趣的人學會如何鑑賞、保養日本刀，同時讓人對於如何製作、修飾日本刀能有基礎的了解。我們相信這些知識可使日本刀觀賞、研究起來特別有趣。

參考文獻

Fuller, Richard; and Gregory, Ron. *Military Swords of Japan, 1868-1945*.
London: Arms and Armor Press, 1986.

Fuller, Richard; and Gregory, Ron. *Japanese Military and Civil Swords and Dirks*.
Charlottesville, VA: Howell Press, Inc., 1997.

Kapp, Leon; Kapp, Hiroko; and Yoshihara, Yoshindo. *The Craft of the Japanese Sword*. Tokyo: Kodansha International, 1987.

Kapp, Leon; Kapp, Hiroko; and Yoshihara, Yoshindo. *Modern Japanese Swords and Swordsmiths: From 1868 to the Present*. Tokyo: Kodansha International, 2002.

Kishida, Tom. *Yasukuni Swordsmiths*. Tokyo: Kodansha International, 1994.

Magotti, Sergio. *Nipponto, the Soul of the Samurai*. Bagnolo San Vito, Italy: Ponchiroli Editore, 2009.

Nagayama Kokan. *The Connoisseur's Book of Japanese Swords*. Tokyo: Kodansha International, 1997.

Nakahara, Nobuo. *Facts and Fundamentals of Japanese Swords*. Tokyo: Kodansha International, 2010.

Sato, Kansan. *The Japanese Sword*. Tokyo: Kodansha International, 1983.

Sinclaire, Clive. *Samurai Swords: A Collector's Guide to Japanese Swords*.
New York: New York Book Sales, Inc, 2009.

Takaiwa, Setsuo; Kapp, Leon; Kapp, Hiroko; and Yoshihara, Yoshindo.
The Art of Japanese Sword Polishing. Tokyo: Kodansha International, 2006.

Yumoto, John. *The Samurai Sword*. Tokyo: Charles E. Tuttle, 1958.

作者簡介

吉原義人（Yoshindo Yoshihara）是吉原家第三代的刀匠。祖父吉原國家（Kuniie Yoshihara）1933年開始在東京製刀，生涯中曾名列日本最優秀的刀匠。吉原義人和他的兒子、也是家族第四代刀匠吉原義一居住在東京，並在東京製刀。吉原義人不斷訓練年輕的刀匠，目前和五名門徒一同工作，被東京都、東京市指定為重要文化財，也是日本的無鑑查刀匠（最高等級的刀匠）。

里昂·卡普（Leon Kapp），分子生物學家，和妻子啓子住在美國加州的聖拉菲爾。對日本刀的深度興趣延續超過25年，投入許多時間和吉原義人學習。

啓子·卡普（Hiroko Kapp），為東京《纖研新聞》（Senken Shimbun News）撰稿人，寫作內容是美國的流行與時尚產業。啓子畢業於東京的武藏野美術大學（Musashino Art University）。25年來，她在服裝界十分活躍，在美國有自己設計的披肩系列。

卡普夫婦和吉原義人已著有三本日本刀方面的書。

製作人

保羅·薩維歐羅（Paolo Saviolo）1963年生於義大利。在企業內經過20多年的晉升，1999年成為薩維歐羅出版公司（Saviolo Publishing House）的總裁。他的出版社印行的作品品質優異，版式設計創新，得到無數的獎項，持續受到國際矚目。

保羅隨時關心周圍環境，準備接受新挑戰和新計畫，願意為追求理念而工作。目前的業務主要在義大利、美國和日本。

作者聯絡資訊

Yoshindo Yoshihara

Japan
8-17-11 Takasago
Katsushika-Ku
Tokyo 125-0054, Japan
Fax (81) 3-3607-1405

Leon & Hiroko Kapp

USA
leonkapp@gmail.com

Aram Compeau

USA
aram.compeau@gmail.com

Paolo Saviolo

Italy
Via Col di Lana, 12
13100 Vercelli
Tel. (39) 0161 391000
Fax (39) 0161 271256
paolo@savioloedizioni.it

Paolo Cammelli

Italy
lupocamel@yahoo.it